Was Tiere denken

Was Tiere denken

Intelligenz und Emotion in der Wildnis

MARIANNE TAYLOR

GERSTENBERG

INHALT

EINLEITUNG

Verstand aus grauer Substanz

Es ist nicht so einfach, Mensch zu sein. Wenn wir uns die Fertigkeiten unserer Mit-Tiere vor Augen führen, müssen wir einsehen, dass wir nicht an sie heranreichen. Wir haben diverse Fähigkeiten, doch letzten Endes rennen wir nicht schnell genug, klettern nicht hoch genug, singen nicht schön genug oder leben nicht lang genug, um als Weltmeister abzuschneiden, und für ein Tier mit enormem Ego – also uns – ist das schwer zu akzeptieren. Doch in einer Kategorie liegen wir meilenweit vorn – der relativen Größe und Komplexität unseres Gehirns.

Dank dieses großen Gehirns haben wir raffinierte Sprachen und Kulturen entwickelt, und wir sind zu tiefem Mitgefühl und brillanter Kreativität fähig. Unsere Planungs- und Problemlösungskompetenzen, gepaart mit unseren geschickten Händen, ermöglichen es uns, das Gefüge unserer Umwelt zu verändern und jedes erdenkliche Werkzeug zu bauen, um Ressourcen aus den unmöglichsten Orten zu gewinnen. Wir haben sogar die Weitsicht zu erkennen, dass unser biologisch determiniertes, rastloses Ressourcen-Sammeln vielleicht doch nicht die beste Strategie für das Überleben unserer Spezies und unseres Planeten ist. Es steht zu hoffen, dass wir in der Lage sind, diese Kompetenzen dazu einzusetzen, den von uns angerichteten Schaden auszugleichen und bessere Hüter der Erde zu werden.

Vom Gehirn zum Verstand

Das menschliche Gehirn, das mysteriöseste aller Organe, wird von einer gewölbten Hülle aus Knochen geschützt. Es ist, wie die Gehirne aller Wirbeltiere, durch elektrische Schaltkreise der Nervenzellen oder Neuronen mit den Sinnesorganen vernetzt und schließlich über ein verzweigtes System, das sich ins Zellgewebe ausbreitet, auch mit jedem anderen Körperteil.

Das Nervensystem leitet sowohl Informationen vom Körper zum Gehirn als auch Befehle vom Gehirn zum Körper. Wir können die bewusste Entscheidung treffen, etwas mit unserem Körper zu tun (zum Beispiel nach einer Tasse Tee greifen), wir können aber auch unbewusst etwas tun (die Tasse fallen lassen, weil sie zu heiß ist). In beiden Fällen kommt der Befehl für dieses körperliche Handeln von unserem Gehirn. Viele Prozesse des Nervensystems im Körper eines Tiers werden von Gehirnarealen kontrolliert, die sich nie mit dem Bewusstsein verknüpfen.

Und doch sagt unsere menschliche Erfahrung, dass die bewussten Gehirnregionen die Entscheidungen treffen, die uns durch den Tag und das Leben leiten. Obwohl wir oft ein Drängen verspüren, das wir meist »Instinkt« nennen, liefert uns unser Bewusstsein die *exekutiven Funktionen*, mit deren Hilfe wir dieses Verlangen bewerten und falls nötig überwinden können. Es ist schwierig, bewusstes Denken und exekutive Funktionen auf einen spezifischen Prozess oder eine Körperstruktur zu beziehen. Die (zu einem Großteil aus der Erforschung körperlicher Symptome bei Traumata gewonnene) Vorstellung, dass der ganze Körper bewusstseins- und empfindungsfähig ist, gewinnt heute immer mehr Bedeutung. Doch die meisten Neurobiologen sind sich einig, dass bewusstes Denken vor allem im cerebralen Cortex angesiedelt ist, der den äußeren Teil unseres Gehirns bildet. Seine Windungen und Furchen schaffen auf relativ kleinem Raum über 15 Milliarden Nervenzellen Platz. In dieser weichen, grauen Substanz unseres physischen Gehirns steckt die Fülle *emergenter Eigenschaften*, die wir Verstand nennen. Selbst wenn unser Körper völlig untätig ist, sind wir in der Lage, unsere Gedanken wandern zu lassen, zu lernen, zu wachsen, zu folgern – allein kraft unseres Verstands.

Doch unser Verstand ist fehlbar. Er kann uns, etwa per Egomanie, kognitiver Dissonanz oder Selbsttäuschung, in die Irre führen. Unser Verstand verleitet uns auch dazu, nichtmenschlichen Verstand zu anthropomorphisieren, ihm menschliche Motive oder Emotionen zuzuschreiben. Wir glauben, dass Tiere dieselben Grundgefühle und -bedürfnisse haben wie wir, dass wir ihr Verhalten verstehen können, wenn wir es im Kontext unserer eigenen Gedanken und Erfahrungen bewerten. Also nehmen wir an, der tierische Verstand sei eine unzulänglichere und unflexiblere Version unseres eigenen. Wir denken selten darüber nach, ob Tiere einen Verstand haben, der etwas kann, was wir nicht können, oder ob sich ihre Intelligenz auf eine Weise ausdrückt, die unser Verstand nicht erfassen und beurteilen kann. Ob ihr Verstand nicht mangelhaft ist, sondern andersgeartet und perfekt an ein Leben und Denken angepasst, das uns fremd ist.

Und da kommt nun die Wissenschaft ins Spiel. Wir können gar nicht anders, als unseren neugierigen Blick ins Tierreich zu lenken, und was wir dort sehen, wenn wir unsere Vorurteile beiseitelassen und unseren selbstsüchtigen Verstand zwingen, so objektiv wie möglich zu sein, lässt uns demütig werden. Je genauer wir hinsehen und je mehr wir unseren Verstand einsetzen, um den ihren zu verstehen, desto komplexer und diverser ist der tierische Grips, den wir entdecken, nicht nur bei Menschenaffen mit einem großen Gehirn, sondern auch bei Ameisen, Kraken, Eichhörnchen, Singvögeln … bis hin zu unseren Haustieren.

Ein angeblich »dummer« Goldfisch lernt schnell, ein mit Wasser gefülltes »Auto« zu lenken, und findet nicht nur bald die beste Fahrtroute durch ein Labyrinth, sondern kann sie sich auch merken. Das Pfeifen aufgeregter Präriehunde, das in unseren Ohren ulkig, aber bei Weitem nicht komplex klingt, ist tatsächlich eine ausgefeilte Sprache, die »Substantive« und »Adjektive« verwendet, um einen nahenden Beutegreifer zu beschreiben. Orcas erkennen sich als Individuen und leben in Gruppen mit charakteristischer Kultur, die sich auf die anatomische Evolution der Wale auswirkt. So unterschiedliche Spezies wie Hühner und Vampirfledermäuse freunden sich eng an und pflegen diese Freundschaft. Das Gehirn eines Raben wiegt etwa 14 Gramm, das eines Schimpansen etwa 400 Gramm, doch diese Spezies haben in einer Reihe von Tests vergleichbare kognitive Leistungen gezeigt und bewiesen, dass es nicht (allein) auf die Größe des

Springt ein Präriehund gestreckt in die Luft und fiept dabei, ahmen andere ihn nach. Dr. Catriona Morrison von der Universität Leeds (GB) sieht darin ein Zeichen stark ausgeprägter Empathie.

Gehirns ankommt, sondern auch auf die Entwicklung und Struktur seiner Komponenten, wie sie organisiert und miteinander verschaltet sind.

Zielgerichteter Verstand

Wir entdecken nicht nur, wie intelligent einige Tiere sind, es wird uns auch bewusst, dass ihr Verstand dem unseren in mancher Hinsicht weit überlegen ist. Der in den Rocky Mountains lebende Kiefernhäher hat ein Erinnerungsvermögen, das hochtrainierte menschliche Gedächtnissportler blass aussehen lässt. Wandertiere, egal ob Fische, Säugetiere, Vögel oder Insekten, tragen eine ungeheure Fülle von Sinnes- und Beobachtungsfaktoren zusammen, um eine haargenaue Route über enorme Distanzen durchs »Nichts« zu einem unbekannten Ziel festzulegen. Manche Tiere sind ausgebuffte Trickser, die andere mit psychologischen Spielchen, Verhaltensmimikry, Tarnung oder Täuschung manipulieren und zur Strecke bringen.

Manchmal entdecken wir bei der Erforschung von Denkprozessen etwas, das wir gar nicht im Sinn hatten. Ein bemerkenswertes Beispiel ist eine Studie über australische Flötenvögel, die als Untersuchung ihrer Bewegungsprofile begann, sich dann aber auf ihr Mitgefühl und Teamwork konzentrierte – denn die cleveren Vögel hatten sich gegenseitig von den Ortungsgeräten, die man ihnen angelegt hatte, befreit. War es schlicht und einfach Neugier, die sie dazu verleitet hat, etwas Neues zu untersuchen, oder haben sie die Geräte als fremdartig und potenzielle Gefahr für ihre Artgenossen wahrgenommen und sind ihnen zu Hilfe geeilt? Diese Frage bringt uns auf das faszinierende Thema der *Theory of Mind* – der Fähigkeit, sich in andere Lebewesen hineinzuversetzen, indem man ihnen mentale Zustände zuschreibt. Ob Tiere zur *Theory of Mind* fähig sind, ist ein noch junges und äußerst fruchtbares Forschungsgebiet. Wenn ein Tier den mentalen Zustand eines anderen – ob es verängstigt, leidend, verwirrt ist – erfassen kann, was wird es dann mit dieser Information anfangen? Es kann sie nur zu seinem eigenen Nutzen verwenden oder aber mitfühlend und sozial handeln, wie es die Flötenvögel getan zu haben scheinen.

Die Frage nach dem Mitgefühl zieht die nächste nach den emotionalen Aspekten des tierischen Verstands nach sich. Emotionale Antworten auf Grundbedürfnisse wie Sicherheit, ausreichende Nahrung, Fortpflanzung und körperliche Nähe haben immensen Einfluss auf das Verhalten von Menschen wie von Tieren und können die Denkweise dramatisch beeinflussen. Und wie steht es mit der emotionalen Bindung an andere? Ganz offensichtlich gehen Tiere langwährende, innige Verbindungen mit Artgenossen ein, die auf familiären Beziehungen beruhen können, aber nicht müssen. Manche, vor allem domestizierte, gehen Bindungen mit anderen Spezies ein. Aber *fühlen* sie dabei so tief, wie wir es tun? Nun, warum nicht? Doch wie können wir uns sicher sein? Und wie sollte dieses Wissen unseren Umgang mit ihnen verändern, wenn wir die Rolle von sorgenden Hütern annehmen? Dieses Buch erkundet die große Bandbreite tierischer Intelligenz, tierischen Denkens, tierischen Fühlens und tierischer Kreativität. Es untersucht das Wie und Warum von einigen höchst bemerkenswerten Verhaltensweisen der unterschiedlichsten Spezies, von den riesigen bis zu den winzigen, von den wohlbekannten bis zu den rätselhaften. Durch solche Erkundungen können wir begreifen, wie sich der Verstand diversester Tiere im Laufe der Evolution entwickelt hat, um diesen Lebewesen immer ausgeklügeltere Fähigkeiten zu verleihen – die laufend an die speziellen Bedingungen der Umwelt angepasst werden.

I

GEHIRN-LEISTUNG

Lernen und Gedächtnis

Wir erfahren und verstehen unsere Welt vermittels unseres pausenlos aktiven Gehirns. Dieser Prozess findet auf vielen verschiedenen Ebenen statt, und auch wenn wir Tiere mit physiologischen Bedürfnissen sind, bestimmen oft unsere Gefühle unser Handeln und unsere Wahrnehmung am stärksten. Wir brauchen unsere bedürfnisgetriebene Motivation, um all die Dinge zu tun, die uns das Überleben und sogar ein glückliches Leben ermöglichen, doch neben diesen »niederen« Trieben sind wir auch auf die nicht emotionale, rein kognitive Gehirnleistung angewiesen. Die meisten Merkmale dessen, was wir als »Intelligenz« bezeichnen – bei uns, anderen Tieren und den Computern, die wir bauen – sind Elemente der Kognition.

Kognition kann man als den Prozess definieren, bei dem wir unsere Wahrnehmungen, Erfahrungen, Erinnerungen und unser logisches Denkvermögen einsetzen, um Wissen und Verständnis zu erlangen. Für eine effektive Kognition müssen wir einige oder alle der folgenden Dinge tun: rechtzeitig aufmerksam sein, gegebenenfalls mehrere Aspekte im Blick haben (und uns nicht ablenken lassen); Muster in den Wahrnehmungen, die uns unsere Sinne liefern, erkennen und analysieren (manchmal blitzschnell); die gesammelten Informationen einordnen; wichtige Details im Kurzzeitgedächtnis speichern; passende Informationen aus dem Langzeitgedächtnis abrufen; bereit sein, auf Zeichen zu achten, die ein Umdenken erfordern (und bereit sein, dieses effizient umzusetzen); all dies in einem logischen Denkprozess zu einer Problemlösung verarbeiten, die nicht auf *Trial and Error* beruht. Das ist viel Arbeit, doch es befähigt uns, enorm leistungs- und handlungsfähig durch unsere Welt zu navigieren. Jahrhundertelang wurde argumentiert, diese außerordentlichen kognitiven Fähigkeiten, die wir unserem außergewöhnlich komplexen Gehirn verdanken, höben uns von »den Tieren« ab.

Heute versuchen wir nicht mehr, uns von unserem Tiersein loszulösen, oder sind zumindest nicht mehr so überheblich. Wir wissen inzwischen, dass Gorillas von uns Zeichensprache lernen können und diese dann benutzen, um uns etwas zu erzählen; dass so unterschiedliche Geschöpfe wie Oktopoden, Finken und Grillen Werkzeuge benutzen; dass Wale in einer Schule mehrere Funktionen übernehmen, damit die Gruppe als koordiniertes Team höchst ergiebig Beute jagen kann. Viele Tiere sind ganz offensichtlich in hohem Maße in der Lage, zu lernen, denken, planen, sich zu erinnern und zu rationalisieren, und ihre kognitiven Fähigkeiten sind für ihr eigenes Überleben und die Fülle ihrer Lebenserfahrungen genauso wichtig wie die unseren für uns.

Obwohl wir uns immer mehr für die emotionale und die soziale Intelligenz unserer eigenen Spezies interessieren, galt unser Interesse bei der Erforschung tierischer Intelligenz doch vor allem der Kognition. Vielleicht ist dieses besondere Interesse eher von Gefühlen und Ego befeuert, als von Logik – wir wollen uns weiterhin abgehoben und überlegen fühlen und ganz sicher nicht, dass irgendeine andere Tierspezies uns von unserem kognitiven Weltmeistertreppchen stößt. Doch dieser Sichtweise stehen Forschungsergebnisse entgegen. Wir schneiden nicht bei jeder kognitiven Aufgabe als die Besten ab – unser Gehirn ist nicht so effizient wie möglich strukturiert – und bei der Einschätzung der Intelligenz anderer Tiere lagen wir oft falsch. Bestimmte kognitive Fähigkeiten, die für uns überlebenswichtig sind, sind für andere Spezies schlicht irrelevant, weil ihr Leben so gänzlich anders ist. Dafür können sie Fähigkeiten besitzen, die das, was unser Gehirn zu leisten vermag, weit übersteigen. Das wiederum hat uns dazu angeregt, unsere Versuche, kognitive Prozesse künstlich nachzuahmen, diverser anzulegen und Maschinen mit künstlicher Intelligenz zu bauen.

Wenn wir tierische Kognition untersuchen wollen, müssen wir Menschen nun wirklich unser großes Gehirn einschalten und unser großes Ego zurückstellen – wir müssen die Befunde einer nüchternen, emotionslosen, kognitiven Analyse unterziehen. Und genau damit haben wir begonnen und profitieren schon jetzt davon. Wir haben Einsichten gewonnen, die uns um eine emotionale Erfahrung bereichern: die der respektvollen Verbundenheit mit unseren Mitlebewesen in all ihrer kognitiven Diversität und ihrer nicht minder diversen Anpassung an andere Lebensarten.

GEMEINER SCHIMPANSE *PAN TROGLODYTES*

Ein Schnelldenker

Halten Sie sich für die Sorte Denker, die bei Gedankenexperimenten wie dem »Gefangenendilemma« gut abschneidet, deren Ausgang sowohl von Ihren als auch von den Entscheidungen Ihres Gegners abhängt? Falls ja, sollten Sie einmal gegen einen Gemeinen Schimpansen antreten. Optimale strategische Entscheidungen, die zu einem ausgewogenen Ergebnis führen, kann man nur treffen, wenn man lernt, aus den vorangegangenen Entscheidungen des Gegners abzuleiten, was er als Nächstes tun wird. Zwei Schimpansen erreichen diesen Punkt bei so einem Spiel viel früher als zwei Menschen. Die Fähigkeit, die eigene Spielweise durch Beobachten des Gegners so schnell anzupassen, deutet auf eine hoch entwickelte soziale Kognition hin – ein großer Vorteil für ein Tier, das in einem sehr dynamischen Sozialgefüge lebt.

Schimpansen haben Menschen auch in einem Arbeitsgedächtnis-Experiment geschlagen. Es ging darum, sich die Position von neun nummerierten Boxen zu merken. Eine gute Leistung (gut heißt hier: schnell und korrekt) setzt voraus, dass man sich die Positionen rasch merken und verlässlich auf diese Erinnerung zurückgreifen kann. Die Schimpansen und ihre menschlichen Gegner erinnerten sich gleich gut, doch die Schimpansen waren schneller. Selbst nach monatelangem Üben holten die Menschen sie nicht ein. Auch beim Finden von Lösungen für knifflige physikalische Probleme machen Schimpansen uns Konkurrenz, etwa wenn sie Wasser in ein tiefes, schmales Glas spucken, um eine Erdnuss vom Boden in Reichweite steigen zu lassen.

Diese kognitiven Begabungen für ein schnelles und effizientes Handeln zu nutzen, scheint ein Verhaltensmerkmal von Schimpansen zu sein. Dank ihres ausgezeichneten räumlichen Gedächtnisses wählen wilde Schimpansen verlässlich die tauglichste Route von A nach B (oder C nach D usw.) durch ihre großen Waldreviere. Ihre Fähigkeit, schnell zu lernen und das Verhalten von Artgenossen vorherzusehen, ist für viele Aspekte ihres Lebens wichtig – von der Verteidigung des Reviers gegen Eindringlinge bis zum Planen und Durchführen einer Gruppenjagd. Zwischen Gruppenmitgliedern von unterschiedlichem hierarchischem Rang kommt es häufig zu aggressiven Auseinandersetzungen, doch ihnen geht ein Abwägen voraus, ob dieser Streit strategisch intelligent ist. Schimpansen verfügen vielleicht nicht über die ausgeprägte emotionale Intelligenz ihrer sanfteren Cousins, der Bonobos, aber ihre vielseitigen kognitiven Fähigkeiten leisten ihnen in ihrer Gruppe gute Dienste.

Wir mögen Schimpansen für reizbar und emotional halten, tatsächlich können sie aber sehr besonnen handeln, und ihre methodische Herangehensweise lässt sie bestimmte kognitive Aufgaben besser meistern als wir.

Extreme Spezialisierung ist riskant. In harten Wintern nach schlechter Kiefernsamenernte muss der superspezialisierte Kiefernhäher auf Plan B zurückgreifen und in wärmere Gefilde ziehen.

KIEFERNHÄHER *NUCIFRAGA COLUMBIANA*

Ein phänomenales Gedächtnis

Menschen, die in schneereichen Regionen leben, wissen, wie wichtig es ist, vorbereitet zu sein. Bevor der Winter Einzug hält, dreht sich alles ums Einkaufen, Jagen, Ernten, Einkochen, Einmachen, Einlegen, Trocknen, Einfrieren, Einlagern – sie füllen ihre Vorratskammer, damit sie genug haben, wenn es ungemütlich oder sogar gefährlich ist, im Freien etwas Essbares zu besorgen. Ohne diese Fähigkeit hätte unsere Spezies, die sich vor über 200 000 Jahren im südlichen Afrika entwickelte, niemals an Orten überleben können, die so weit von unserer warmen, üppigen Heimat entfernt sind.

Nun stellen Sie sich einmal vor, dass Sie diese Vorratskammer nicht gut verschlossen im eigenen Haus haben. Sie müssen Ihre kostbare Nahrung irgendwo draußen, wo jeder an sie herankann, lagern. Wie könnten Sie die Chancen erhöhen, dass wenigstens einige dieser Vorräte nicht von anderen Menschen oder generell anderen Tieren gefunden und verspeist werden? Die offenkundigste Lösung ist ein Versteck. Doch selbst das beste Versteck wird irgendwann entdeckt. Sie könnten Ihren Vorrat aufteilen und kleinere Mengen an verschiedenen Orten verstecken. Wenn dann einige verloren gingen, wäre das noch keine Katastrophe. Nun stellen Sie sich vor, Sie haben das getan, können aber nirgends festhalten, was Sie wo versteckt haben – außer in Ihrem fehlbaren Gehirn. Würden Sie es durch den Winter schaffen?

Vor diesem Problem steht der Kiefernhäher, ein fescher grau-schwarzer Krähenvogel der Gattung Nusshäher, der in den Gebirgsregionen des nordamerikanischen Westens lebt. Mit dem Herbst kommt eine Überfülle seiner Lieblingsspeise – Samen der Weißstämmigen Kiefer und der Pinyon-Kiefer. Diese Bäume dominieren sein Habitat und am Ende des Sommers tragen sie Zapfen voller fetter Samen, die zwischen den holzigen Schuppen stecken. Der Häher ist bestens ausgerüstet – er kann einen Zapfen mit beiden Füßen festhalten und mit seinem langen, kräftigen Schnabel auf die Schuppen einhacken, bis er an die Samen herankommt. Er kann alle zwei Sekunden einen Samen schlucken und bis zu 100 in einem Hautbeutel unter der Zunge sammeln. Wäre er ein Bär oder eine Schlafmaus, würde er sich einfach gleich vollstopfen, reichlich Körperfett anlegen und den Winter in einer gemütlichen Höhle verschlafen. Er ist aber ein Vogel, und Winterschlaf gehört, im Großen und Ganzen, nicht zu den Überlebensstrategien von Vögeln. Der Plan des Kiefernhähers lautet: Samen davontragen und sie am Boden verstecken.

Wie zu erwarten, legt er viele Verstecke an, in denen er jeweils nur einige Samen lagert. So kann er die Verluste begrenzen, falls Eichhörnchen oder andere gewitzte Diebe ein Depot plündern. Diese Art des Lagerns nennt man *scatter-caching* oder *scatter-hoarding*, und der Kiefernhäher ist darin unangefochtener Meister.

Ein Kiefernhäher kann jeden Herbst etwa 90 000 Samen in einem Radius von über 24 Kilometern lagern, wobei er nur vier oder fünf Samen in ein Versteck packt. Er legt also über ein riesiges Gebiet verteilt bis zu 20 000 kleine Depots an, und das in den wenigen Wochen, bevor der erste Schnee fällt und er schon zu den ersten Verstecken zurückkehren muss, um sich zu stärken. In der Regel legt er einen Vorrat an, der mehr enthält, als er bis zum Frühling oder darüber hinaus braucht – in den wärmeren Monaten bereichert er seinen Speiseplan zwar durch Insekten und andere Nahrung, lebt aber vor allem von Kiefernsamen. So viel er auch futtert oder an Eichhörnchen verliert, bleibt doch ein guter Teil der gesammelten Samen unberührt und kann unter günstigen Bedingungen keimen. Auf diese Weise trägt der Kiefernhäher dazu bei, sein Habitat zu erhalten und zu verjüngen – tatsächlich gäbe es ohne ihn keine Wälder Weißstämmiger Kiefern, denn ihre Zapfen öffnen sich nicht von alleine, um Samen zu verstreuen.

Ein zweckorientiertes Gehirn

Selbst diejenigen unter uns, die sehr ordentlich und organisiert sind, müssen sich eingestehen, dass unser Erinnerungsvermögen nicht an das dieses kleinen Hähers heranreicht. Wir mögen uns fragen, ob das Wiederfinden der gelagerten Samen nicht zufällig geschieht – bei so ungemein vielen Depots liegt es doch nahe, dass ein anhaltsloser, aber ungeheuer hungriger Kiefernhäher rein zufällig auf eines stößt. Doch die Fähigkeiten dieses Vogels stehen außer Frage. Studien haben gezeigt, dass er sich ganz genau erinnern kann, wo ein Vorrat liegt, selbst neun Monate nach dem Anlegen (obwohl nach etwa sechs Monaten die Erinnerungsrate deutlich abzufallen beginnt).

Es ist auch erwiesen, dass Kiefernhäher sich an zwei auffälligen gegenständlichen Markierungen in direkter Nähe zu ihrem Versteck orientieren (einem bestimmten Felsen und einem bestimmten Baumstumpf zum Beispiel – irgendetwas, das selbst aus hohem Schnee herausragt). Sie können das Depot punktgenau finden, weil sie sich an die Winkel erinnern, die es im Dreieck mit den beiden Markierungen bildet. Diese Technik, die Triangulation, wenden wir Menschen bei der Navigation an, doch wir tun es in voller Absicht, nicht instinktiv. Aber wissen wir, ob diese Vögel aus »reinem Instinkt« handeln, anstatt bewusst zu triangulieren?

Um zu verstehen, was im Gehirn eines Kiefernhähers vorgeht, greifen wir auf die Erforschung eines anderen Vogels, der *scatter-caching* praktiziert, zurück. Die nordamerikanische Schwarzkopfmeise verteilt jeden Herbst Hunderte von Samen auf zahlreiche Verstecke. Dabei bildet ihr Gehirn neue Neuronen und neuronale Wege aus und wächst so um etwa 30 Prozent an. Dieser unglaubliche Vorgang spielt sich hauptsächlich im Hippocampus ab, der Hirnregion, die für Gedächtnisbildung und Orientierung zuständig ist. Noch bemerkenswerter ist, dass »alte« Neuronen während dieses Prozesses entsorgt werden. Wir können daraus folgern (allerdings nicht mit Sicherheit wissen), dass diese Nervenzellen alte Erinnerungen an nun leere Verstecke speicherten und somit nutzlos wurden. Höchstwahrscheinlich durchläuft das Gehirn des Kiefernhähers einen ähnlichen Prozess.

Experimente zum visuellen Gedächtnis, bei denen ihnen die unterschiedlichsten Bilder vorgelegt wurden, haben jedoch gezeigt, dass Kiefernhäher bei dieser allgemeineren Gedächtnisübung nicht brillieren. Sie können sich etwa 500 Bilder merken. Das klingt erst einmal beeindruckend, doch eine Haustaube kommt auf etwa 800. Das Ergebnis unterstreicht, wie spezialisiert das Gedächtnis des Kiefernhähers ist: Es ist spezifisch an das Erinnern der Samendepots angepasst. Natürlich ist es für diese Vögel kein lustiges Spiel, sich den genauen Ort eines Verstecks zu merken. Wenn sie versagen, sterben sie, so simpel ist das. Diese *entwickelte kognitive Fähigkeit* liefert uns den Beweis, dass ein Gehirn sich im Laufe der Evolution unglaublich spezialisieren kann. Auch andere Organe können das: Ein Wüstenfuchs hat supereffiziente Nieren, die es ihm ermöglichen, lange ohne Wasser zu überleben; das extragroße, schnell pumpende Herz eines Geparden erlaubt es ihm, in nur 3 Sekunden von null auf 90 Stundenkilometer zu beschleunigen. Die meisten Krähenvögel sind in Bezug auf ihren Speiseplan und ihr Verhalten hochanpassungsfähige Generalisten, sie haben beeindruckende Gehirne und gut entwickelte, breit gefächerte kognitive Fähigkeiten. Der Kiefernhäher ist ein Schlaukopf wie andere Krähen seiner Größe, doch sein Gehirn ist in erster Linie ein Versteck-Erinnerungsspeicher. Im Laufe seines rund 15 Jahre währenden Lebens verbraucht er viele körperliche Ressourcen, um dieses enorm energieverschlingende Nervengewebe auszubilden und zu erhalten – doch die Investition ist überlebenswichtig. Zum Glück liefern die Kiefernsamen Energie in Hülle und Fülle, sie haben mehr Kalorien als Schokolade.

ASIATISCHER ELEFANT *ELEPHAS MAXIMUS*

Problemlöser

Wir Menschen sind ausgezeichnete Werkzeugbenutzer, nicht nur dank unseres Gehirns. Wir sind auch mit zwei geschickten Händen gesegnet, die wir von unseren Vorfahren als Ausrüstung zum Baumklettern geerbt und an Präzisionsbewegungen angepasst haben. Man kann sich kaum ungelenkere Zehen vorstellen als die im Vorderfuß eines Asiatischen Elefanten, doch die Elefanten haben eine famose Alternative: Ihr Rüssel ist lang und stark – er kann einen kräftigen Baum fällen –, aber auch feinfühlig, und ein Elefant lernt mit der Zeit, ihn präzise zu führen. Der Rüssel kann auch Wasser aufsaugen und verspritzen. Man kann Wasser nicht formen, aber man kann es lenken, und der Asiatische Elefant hat, wie jedes badende Kind, gelernt, dass man Wasser dazu benutzen kann, Dinge zu bewegen.

Beim »Wasserkrug-Test« geht es darum, ob ein Tier mehr Wasser in ein schmales, teilweise mit Wasser gefülltes Rohr füllt, um eine darin schwimmende Leckerei in Reichweite zu bringen. In Oklahoma und Washington führte man diesen Test mit zwölf Zooelefanten durch, elf bestanden ihn nicht. Der zwölfte, Shanti, löste das Problem sofort (mit Verstand, nicht nach der Trial-and-Error-Methode) und ließ ein Marshmallow aufschwimmen, indem er Wasser nachfüllte.

In einem Folgeversuch wollte man herausfinden, ob die Elefanten voneinander lernen konnten und ob sie eine Veranlagung für diese Art des sozialen Lernverhaltens zeigten. Einer der Elefantenkühe, Chandra, zeigten die Pfleger, wie sie durch Wassernachfüllen an ihre Belohnung kam, und sie lernte schnell. Als die anderen Elefanten sahen, dass sie die Aufgabe erfolgreich meisterte, gingen sie die Sache selbst viel interessierter und beharrlicher an.

Elefanten werden, wie so viele große Pflanzenfresser, oft von Fliegen geplagt – und schwingen ihre eigenen, sehr effektiven Fliegenklatschen: Zweige. Bietet man einem Asiatischen Elefanten einen Zweig an, der nicht optimal ist, bearbeitet er sein Werkzeug und bringt es in die nutzbringendste Form, indem er es verkürzt und/oder Seitenzweige entfernt. Elefanten besitzen auch das nötige kognitive Verständnis, um Objekte an eine bestimmte Stelle zu bewegen und zu Stufen zu stapeln, um hoch hängende Früchte zu erreichen. Wir bewundern Elefanten vor allem wegen ihrer engen sozialen Bindungen und ihrer großen Empathie, doch Versuche wie diese zeigen uns, dass sie auf ihre umsichtige, abwägende Art auch ohne unsere Hilfe clevere Problemlöser sind.

Die Hand-Gehirn-Verbindung eröffnet Menschen vielfältige Möglichkeiten, in ihre Welt einzugreifen, die Rüssel-Gehirn-Verbindung tut dasselbe für Elefanten.

Der frontale Cortex des Großen Tümmlers ist komplexer und neuronenreicher als der jedes Landsäugetiers (mit Ausnahme des *Homo sapiens*).

GROSSER TÜMMLER *TURSIOPS TRUNCATUS*

Man lernt jeden Tag dazu

Der Schriftsteller Douglas Adams sagte einmal, Menschen hielten sich aufgrund ihrer vielen erkennbaren Errungenschaften für schlauer als Delfine (zu denen der Große Tümmler gehört), die nichts anderes täten als »im Wasser herumzualbern und sich zu vergnügen«. Selbstverständlich hielten Delfine sich aus exakt demselben Grund für schlauer als Menschen – womit sie, wie er in seinen Geschichten betonte, recht haben.

Delfine und ihre Walverwandten entwickelten sich wie alle Säugetiere an Land. Einige Säugetiergruppen wechselten im Laufe ihrer Evolution den Lebensraum und gingen ins Meer. Innerhalb der Ordnung der Raubtiere *(Carnivora)* – wie Löwen, Tiger, Bären, Wölfe, Wiesel, Hyänen und Mangusten – waren zwei Gruppen dabei sehr erfolgreich: Otter und Robben. Die Wale gehören jedoch, obwohl die meisten Fleischfresser sind, nicht zu den *Carnivora*. Sie stammen von *Artidactyla* ab, Paarhufern, zu denen unter anderem Rinder, Schafe und Schweine gehören. Als Paläontologen entdeckten, welche Vorfahren die Wale hatten, bereiteten sie der Welt eine der größten evolutionären Überraschungen und zeigten uns, welchen erstaunlichen Wandel die natürliche Selektion zustande bringt, wenn nur genug Zeit ist.

Tatsächlich sind Wale unter den Meeressäugern unstreitig die Meister der Anpassung: Ihre Hufe samt Hinterbeinen sind vor Urzeiten verschwunden und ein fürs Grasen und Galoppieren gemachter Körper wich einem schnittigen und stromlinienförmigen, tieftauchenden und flott unter Wasser jagenden. Sie erschienen zu einem günstigen Zeitpunkt, kurz nach dem Meteoriteneinschlag, der die Dinosaurier und die meisten großen Meerestiere auslöschte und so Nischen für neue große Meeresbewohner schuf. So vieles lässt uns staunen – dass die *konvergente Evolution* sie mit fischähnlichen Formen ausgestattet hat, dass sie Sonar einsetzen, um unter Wasser ihren Weg (und ihre Beute) zu finden, dass sie lange leben und innige soziale Bindungen eingehen, über ein riesiges Gehirn und offenkundige Intelligenz verfügen, verspielt sind und geschickt beim Manipulieren von Objekten. Delfine erleben die Welt völlig anders als wir, doch sie scheinen wie wir in Rollen zu schlüpfen – Erfinder, Kreativer, Zuarbeiter, Unruhestifter ... Die uns vertrauteste Art ist der Große Tümmler, zum einen wegen seines besonders komplexen Verhaltens und zum anderen, weil er ab und zu gern in menschlicher Gesellschaft zu sein scheint.

Wegen ihrer formidablen Intelligenz hat man die Großen Tümmler sowohl in Freiheit als auch in Gefangenschaft bereits viel erforscht. Heute sieht man es nicht mehr gerne, dass dressierte Delfine in Zoos oder Aquarien zur Belustigung der Besucher herhalten müssen, doch in diversen Forschungseinrichtungen hält man, weitaus sensibler, noch immer Große Tümmler, um ihre Kognition und ihre Psychologie zu untersuchen. Jedes Jahr kommen neue beeindruckende und manchmal auch (für uns) beunruhigende Verhaltensweisen ans Licht. Eine Demonstration besonders verschlagener Intelligenz verzeichnete das gemeinnützige Institute for Marine Mammal Studies (IMMS) in Mississippi.

Schummeln auf Delfinisch

Im IMMS werden die Großen Tümmler darauf abgerichtet, ihr Becken sauber zu halten. Wenn Abfall – etwa ein Stück Papier – ins Becken fällt, fischt der Tümmler es heraus und übergibt es seinem Trainer. Zur Belohnung bekommt er einen Fisch. Von diesem System der Zusammenarbeit profitieren Tümmler und Trainer gleichermaßen. So war es jedenfalls, bis Kelly kam.

Diese Delfindame bewies beim Herangehen an das System eine Denkweise, auf die so mancher skrupellose Geschäftsmann stolz wäre. Sie hatte schon nach kurzer Zeit begriffen, dass jedes Stück Abfall, egal ob klein oder groß, im Müll-gegen-Fisch-Tauschsystem den gleichen Wert hatte. Fiel ein Stück Papier in ihr Becken, versteckte sie es unter einem Stein. Kam dann ein Trainer, riss sie einen Fetzen vom Papier ab, überreichte ihn und bekam ihren Fisch. Auf diese Weise konnte sie mit nur einem Stück Abfall mehrere Fische »erwerben«.

Nach einer Weile ging sie noch einen Schritt weiter. Eines Tages trieb eine tote Möwe in Kellys Becken. Als ein Trainer vorbeikam, brachte sie den Vogel ordnungsgemäß an den Beckenrand und tauschte ihn gegen einen Fisch. Doch sie fraß den Fisch nicht, sondern benutzte ihn als Köder, um mehr Möwen anzulocken, die sie dann fing und tötete – und gegen Fische eintauschte. Vielleicht sollten wir dankbar sein, dass Kelly im IMMS lebt und nicht in einer Position ist, in der sie ganz gewöhnliche Menschen um ihre hart verdienten Ersparnisse bringen kann.

Gedankenlesen

Große Tümmler benutzen Werkzeuge: In einer Population an der westaustralischen Küste reißen Weibchen Meeresschwämme vom Grund, stülpen sie sich als Schutz über die Schnauze und pflügen den Meeresgrund nach nährreichen Fischen, die sich dort verstecken, um. Diese Technik geben sie an ihre Töchter weiter. Große Tümmler haben auch eine ausgefeilte, aus verschiedenen Elementen bestehende Sprache, um die es später noch gehen wird (*siehe* Seite 93). Mit dieser Fähigkeit zur fortgeschrittenen Kommunikation ist das Konzept der Metakognition verbunden – die Auseinandersetzung mit den eigenen Denkprozessen.

Ein großes Maß an Einsicht und Analyse weist auf hoch entwickelte kognitive Fähigkeiten hin und ist ein Element der *Theory of Mind* (ToM), wie Psychologen sie nennen: der Fähigkeit, anderen geistige Zustände zuschreiben zu können – anders gesagt, die Erkenntnis, dass Ihre Mitmenschen ein so reiches und komplexes Innenleben haben wie Sie selbst. Dank der ToM können wir (bis zu einem gewissen Grad) Gedanken lesen und voraussagen, wie andere Situationen analysieren und wie sie dann reagieren werden. Uns wird bewusst, dass andere (die unserer, manchmal auch einer anderen Spezies angehören) eigene Gedanken und Überzeugungen haben, die wir mit unseren vergleichen können. Eventuell beeinflusst das Denken der anderen das unsere, oder wir stellen fest, dass andere bei einer Sache nachweislich irren, sonst aber richtigliegen. Die spannende Frage, ob Tiere über eine ToM verfügen, versuchen Biologen und Hirnforscher anhand verschiedener Tests zu beantworten.

Bei *False-Belief-Aufgaben* (falsche Annahme) beobachtet der Proband (Mensch oder Tier) einen »Kommunikator«, der unter mehreren Boxen auf diejenige zeigt, in der ein Leckerli versteckt ist. Dieses Signal wurde dem Probanden vorher beigebracht und hat sich als verlässlich erwiesen. Der Kommunikator verlässt den Raum und eine zweite Person, der »Verstecker«, kommt herein und verschiebt die Boxen. Dann kehrt der Kommunikator zurück und zeigt auf die Box, die nun an der Stelle steht, an der ursprünglich die Leckerli-Box stand. Der Proband, der alles beobachtet hat, weiß theoretisch, dass der Kommunikator einer falschen Annahme folgt. Er sollte das Signal missachten und schnurstracks zu der verschobenen Leckerli-Box gehen. Menschenkinder bestehen diesen Test in der Regel im Alter von fünf Jahren. 2006 ließen False-Belief-Tests mit einem Großen Tümmler den Schluss zu, dass der Delfin die Aufgaben durchschaute und bestand, doch Kritiker argumentierten, dass er Möglichkeiten zum Schummeln hatte. Die Forschung muss sich also andere Versuchsanordnungen einfallen lassen, doch wenn Kelly uns eines gelehrt hat, dann dies: Wenn es eine Möglichkeit zum Schummeln gibt, wird ein Großer Tümmler sie herausfinden.

HAUSSCHWEIN *SUS SCROFA DOMESTICUS*

Von wegen »dummes Schwein«

Schweine sind im Grunde liebenswerte Haustiere. Und doch essen wir Menschen jedes Jahr etwa 1,5 Milliarden Schweine – obwohl wir immer mehr über ihre ziemlich hoch entwickelten kognitiven Fähigkeiten herausfinden. Man könnte also argumentieren, dass wir die Pflicht haben, sie besser kennenzulernen, um sie mit größerem Verständnis und Mitgefühl zu behandeln.

Schweine wühlen mit ihrer kräftigen, aber empfindlichen Schnauze in lockerer oder weicher Erde nach Wurzeln, Wirbellosen oder anderem Essbarem. Sauen benutzen ihre Schnauze auch, um Mulden (Wurfnester) zu graben, in denen sie ihre Ferkel zur Welt bringen. 2015 beobachtete eine staunende Biologin im Pariser Zoo, wie ein Visaya-Pustelschwein (eine von den Philippinen stammende wilde Art, eng verwandt mit dem Wildschwein, von dem unsere Hausschweine abstammen) beim Graben eines Wurfnests ein hartes Rindenstück benutzte. Es war das erste Mal, dass bei Schweinen der Gebrauch von Werkzeugen dokumentiert wurde, und von da an rückte die Intelligenz von Hausschweinen stärker in den Fokus der Forscher.

Einige Jahre später trainierten Wissenschaftlerinnen an der Purdue University in West Lafayette, im US-Bundesstaat Indiana, vier Hausschweine darauf, bei einem Videospiel mit der Schnauze einen Joystick so zu bewegen, dass sie auf drei Schwierigkeitsebenen mit dem Cursor ein Ziel trafen. Obwohl eine Schnauze zur Handhabung eines Joysticks nicht gerade ideal ist, waren alle vier Schweine auf der unteren Spielebene erfolgreich, zwei auch auf der höchsten. Trafen sie ihr Ziel, bekamen sie einen Leckerbissen, doch ein paar Schweine spielten auch weiter, weil sie von ihrer Trainerin gelobt wurden. Die Studie bewies also nicht nur, dass Schweine anspruchsvolle geistige und körperliche Koordinationsaufgaben meistern können, sondern auch, dass ihre Motivation von sozialen Faktoren beeinflusst wird. Außerdem reagierte jedes Schwein mit einer individuellen Steigerung der Leistung auf die Belobigungen der Trainerin.

Andere Studien haben gezeigt, dass Schweine mindestens so gut wie Hunde abschneiden, wenn es darum geht, Objekte zu unterscheiden, sich den Weg zur Nahrung einzuprägen und Wörter und Sätze mit bestimmten Objekten und Aktionen in Verbindung zu bringen (etwa das Kommando »Sitz!«). Langsam dämmert es uns, dass wir nicht nur die Grundbedürfnisse unserer Hausschweine befriedigen, sondern ihnen auch mentale Stimulation liefern müssen, damit sie sich prächtig entwickeln.

Wenn Hausschweine eine neue Fertigkeit erlernen, motiviert das Lob eines menschlichen Trainers sie stärker als eine Leckerbissen-Belohnung.

KOLKRABE *CORVUS CORAX*

Kein Bedarf an Trial-and-Error

Viele Vogellaute verschmelzen mit der Geräuschkulisse unseres Alltags. Wer am Meer lebt, hört das Schreien der Möwen nicht mehr, auf dem Land und in den Vorstädten verschlafen wir die um fünf Uhr morgens einsetzenden Frühlingskonzerte von Amseln, Rotkehlchen und anderen Sängern. Doch das tiefe Krächzen eines Raben erregt unsere Aufmerksamkeit, egal wo wir sind. Wenn wir einen Kolkraben hören, könnten wir an jedem beliebigen Ort der nördlichen Hemisphäre sein – in Nordamerika, Europa, Nord- und Mittelasien bis hin zur Beringstraße oder in Nordafrika. Dieser kraftvolle, schöne Vogel mit der unverwechselbaren Stimme ist die am weitesten verbreitete und größte Art der Rabenvögel und zu Recht für seine immense Intelligenz bekannt.

Schauen Sie nach oben, wenn Sie ein tiefes »Kroak« hören, und mit etwas Glück werden Sie ihn sehen – oder eher sie, denn Kolkraben sind meistens in Paaren, die ein Leben lang zusammenbleiben, unterwegs. Auf weiten Schwingen und mit dem charakteristischen keilförmigen Schwanz, der sie bei ihren Loopings und Wellenflügen steuert, schnellen sie durch die Lüfte. Und sollte ein Wanderfalke vorbeikommen, drehen die Flugakrobaten noch einmal auf und ziehen enge Kreise um ihren agilen Konkurrenten. Selbst so eine flüchtige Begegnung liefert einen ziemlich überzeugenden Beweis, dass diese lebhaften, verspielten, kühnen und teamfähigen Geschöpfe etwas auf dem kognitiven Kasten haben. Und sollten Sie einmal einen zahmen Raben beobachten können, der von seinem menschlichen Trainer ein paar Tricks gelernt hat, werden Sie nicht mehr den geringsten Zweifel haben.

Und doch sind Kolkraben »nur« Vögel und in ihrem 5 Zentimeter langen Schädel findet sicherlich kein Superhirn Platz, oder? Was wir in diesem Schädel finden, sieht der knolligen, gefurchten Masse in unseren Köpfen nicht sonderlich ähnlich. Wir nehmen an, dass die kognitiv leistungsfähigsten Tiergehirne diejenigen sind, die dem menschlichen Gehirn ähneln, also müssen Rabengehirne (oder Vogelgehirne im Allgemeinen) doch, nun ja, Spatzenhirne sein. Das ist ein typisch menschliches Vorurteil, ein Rabe sähe das anders.

Die Gabe, anderer Meinung zu sein, mag nicht zu den Kriterien gehören, mit denen wir Intelligenz bewerten, doch wir wissen, dass Raben messbarere Fähigkeiten – zum Beispiel Gedächtnis, Problemlösung, Einsicht und Selbstwahrnehmung – in so hohem Maße besitzen, dass wir sie nicht einfach abtun können. Sie sind mindestens so intelligent wie diejenigen Säugetiere mit den menschen-

Neben dem Respekt einflößenden Schnabel fallen einem beim Betrachten eines Kolkraben sofort die funkelnden Augen auf, und man fragt sich unwillkürlich, was er wohl gerade denkt … oder plant.

ähnlichsten Gehirnen. Dabei verfügen ihre Gehirne, wie die Gehirne anderer Vögel, nicht über einen gewundenen cerebralen Cortex – die gefurchte *graue Substanz*, die die Oberfläche des Gehirns von Säugetieren überzieht und als »Sitz der Intelligenz« gilt. Je gewundener und gefurchter der cerebrale Cortex ist, desto mehr Oberfläche hat er und desto mehr Hirnzellen (Neuronen) haben im begrenzten Schädelraum Platz.

Im Cortex sind verschiedene Bereiche für bestimmte Funktionen zuständig, im präfrontalen Cortex, dem vorderen Bereich des Frontallappens, ist die fortgeschrittene Kognition verortet. Wenn wir das menschliche Gehirn als Maßstab setzen, ist ein stark gewundener präfrontaler Cortex die anatomische Voraussetzung für Intelligenz. Da fragt man sich, wie ein Rabe kognitive Fähigkeiten besitzen kann, die denen der Primaten entsprechen (und sie in manchen Bereichen überflügeln), wenn ihm dieses entscheidende neurologische Equipment fehlt. Die Antwort lautet: Die Gehirne von Vögeln und Säugetieren haben sich unterschiedlich entwickelt. Um das zu verstehen, müssen wir uns das Pallium genauer ansehen, den Hirnmantel, aus dem sich bei Säugetieren der Cortex bildet.

Komplexität ohne Windungen

Im Laufe der Entwicklung eines menschlichen Fötus schichten und winden sich die beiden Hälften (*Hemisphären*) des Palliums immer stärker und bilden den cerebralen Cortex sowie andere Strukturen, wie den Hippocampus, aus. Ein voll entwickeltes menschliches Gehirn wiegt etwa 1500 Gramm, hat etwa 86 Milliarden Neuronen und macht etwa 2 Prozent unserer Körpermasse aus. Würden wir unseren Cortex entfalten und flach ausbreiten, umfasste er um die 2500 Quadratzentimeter. Kleinere Säugetiere haben meist ein proportional größeres Gehirn als große Säuger, doch Forschungen haben erwiesen, dass beim Vergleich der Spezies die absolute Gehirngröße ein besserer Indikator für Intelligenz ist als das Verhältnis von Gehirn- zu Körpermasse.

Vögel scheinen also unintelligente Indikatoren im Doppelpack zu haben: kleines Gehirn, nicht gewundener Cortex. Schaut man sich ihr Pallium aber genauer an, stellt man fest, dass seine Neuronen viel kleiner sind als die eines Säugetiergehirns. Diese Minineuronen sitzen dicht an dicht und ergeben eine unglaublich hohe Gesamtzahl – bei manchen Arten ist sie viermal so hoch wie bei einem ähnlich großen Säuger. Das Wintergoldhähnchen zum Beispiel (ein winziger, nur etwa 5 Gramm leichter eurasischer Singvogel) hat pro Gramm Gehirn 455 Neuronen, eine etwa 12 Gramm wiegende Hausmaus hat 168 Neuronen pro Gramm Gehirn. Bei einem Kolkraben, der (man möchte es kaum glauben) ebenfalls zu den Singvögeln und zur Ordnung der Sperlingsvögel gehört, liegt die Gesamtzahl der Neuronen im Cortex höher als bei so manchem intelligenten Primaten.

Und das macht ihn zu einem geradezu beängstigend cleveren Vogel. Er kann zum Beispiel die Gedanken eines anderen Raben »lesen«, merken, ob der andere ihn beobachtet, und sein Verhalten entsprechend ändern. Er scheint sich mit Artgenossen darüber austauschen zu können, was an einem anderen Ort geschieht. Er versteht auch das Prinzip des Belohnungsaufschubs und wählt lieber einen Jeton, den er später gegen einen Leckerbissen eintauschen kann, als eine minderwertigere Belohnung, die er sofort fressen kann. Bei einem Experiment geduldeten sich Raben sogar 17 Stunden, bis sie das bessere Futter bekamen. Sie können auch physikalische Probleme lösen (etwa ein Werkzeug benutzen, um an eine versteckte Belohnung zu kommen) – und zwar ohne Trial-and-Error. Sie begreifen sehr schnell, was getan werden muss, und tun es dann konsequent.

In direkter Verbindung zum wunderbaren Vogelgehirn stehen die phantastische Flugfähigkeit sowie weitere Aspekte der Vogelanatomie, die sie von den Säugetieren und auch von ihren nächsten Verwandten, den Reptilien, unterscheiden. Als die Theropoden, die Raubsaurier, von denen die Vögel abstammen, vor Jahrmillionen begannen, ihren wärmenden Federflaum zu flugfähigen Federn (und ihre Vordergliedmaßen zu Flügeln) zu entwickeln, übten die vielen Vorteile des Flüggeseins einen starken Selektionsdruck auf die diversen Populationen aus. Die natürliche Auslese setzte auf einen leichten Körperbau, daher begannen sich alle anatomischen Merkmale, die das Körpergewicht erhöhten, die Flugfähigkeit aber nicht verbesserten, zurückzubilden – schwere Saurierindividuen flogen einfach schlechter und hatten daher schlechtere Überlebenschancen. Die leichteren überlebten in größerer Zahl und gaben ihre besonderen Merkmale an ihre Nachkommen weiter. Über viele, viele Generationen hinweg bildeten sich Zähne und diverse Knochen zurück, während andere Knochen zusammenwuchsen und sich zu leichten, luftgefüllten Hohlknochen entwickelten. Es bestand auch Selektionsdruck hinsichtlich der Intelligenz, doch schwergewichtige Hirne waren für Flieger zum Überleben nicht von Vorteil. Vogelfamilien wie die Raben legten einen langen evolutionären Weg zurück, bei dem die Leistungsfähigkeit ihres Gehirns ohne Zunahme des Gehirngewichts gesteigert wurde.

Wir beginnen gerade, der Intelligenz der Vögel den Respekt entgegenzubringen, den sie verdient. Noch wissen wir verhältnismäßig wenig über die Fähigkeiten der Kolkraben und anderer schlauer Rabenarten, doch es werden intensive Forschungen betrieben. Auch Papageien stehen im Vogelhirnfokus, wie etwa der neuseeländische Kea, ein notorischer Unfugmacher, der in den Bergen der Südinsel beheimatet ist und gerne Urlauber beklaut oder ihre Autos auseinandernimmt. Lange war er unbeliebt, doch nun soll er zur Touristenattraktion werden: Naturschützer und Vogelexperten haben »Kea-Spielplätze« angelegt, auf denen sich die Spaßvögel in Labyrinthen, auf Schaukeln, Klettergerüsten oder mit Gehirnjogging austoben und ihre große Intelligenz zur Schau stellen können.

SILBERMÖWE *LARUS ARGENTATUS*

Ich schau dir in die Augen …

Wer sich schon einmal an der Nord- oder der Ostsee mit einer Eiswaffel in der Hand sonnte und sie dann an einen geflügelten Räuber mit großem gelbem Schnabel verlor, hat Bekanntschaft mit der Silbermöwe gemacht. An vielen idyllischen Promenaden stehen Schilder, die uns auffordern, Möwen nicht zu füttern, weil das ein Anreiz für weitere Diebeszüge wäre. So mancher Strandurlauber wird in jüngster Zeit erfreut Berichte über eine Studie gelesen haben, die zeigte, dass man eine Möwe von seinem Snack fernhalten kann, wenn man sie unbeirrt anstarrt (man sollte allerdings darauf gefasst sein, dass sich von hinten eine zweite heranmacht).

Die Entdeckung des abschreckenden Blickkontakts verdanken wir Madeleine Goumas von der englischen Universität Exeter. Sie erforschte noch einen weiteren Aspekt unseres angespannten Verhältnisses zur Silbermöwe und gab einigen Glücksvögeln die Möglichkeit, einen von zwei identischen Müsliriegeln zu stibitzen. Bei jedem Versuch nahm sie einen der Riegel etwa 20 Sekunden in die Hand, bevor sie ihn auslegte (um zufälligen Augenkontakt auszuschließen, trug sie eine Sonnenbrille). Es stellte sich heraus, dass die Möwen den Riegel, der vorher von einem Menschen berührt worden war, viel attraktiver fanden als den anderen – 80 Prozent schnappten sich genau diesen Snack.

Diese Beobachtung und Studien anderer Wissenschaftler liefern das beunruhigende Ergebnis, dass Möwen uns genau beobachten. Sie wissen, dass Nahrung, die wir mit uns herumtragen, ihnen höchstwahrscheinlich auch schmecken wird, loten ihre Chancen aus und timen ihren Diebstahl minutiös. Da sollte es uns nicht wundern, dass Silbermöwen auch lernen können, uns Menschen als Individuen voneinander zu unterscheiden – wir tun uns andersherum erheblich schwerer. Man kann das an jedem Badeort am Meer beobachten: Es gibt immer Menschen, die sämtliche Schilder ignorieren und regelmäßig Möwen füttern. Wenn die Möwen ihre Fütterer entdecken, versammeln sie sich prompt laut schreiend um diese Person. In den letzten Jahrzehnten sind die Populationen der Silbermöwen in ihren west- und mitteleuropäischen Habitaten zurückgegangen, was unter anderem auf den Niedergang der Kutterfischerei und das Verschwinden offener Mülldeponien zurückzuführen ist. Doch mit ihrer scharfen Beobachtungsgabe finden die anpassungsfähigen Vögel immer neue Überlebensmöglichkeiten in Menschennähe.

Silbermöwen haben ein scharfes Auge auf Menschen, und wir sind gut beraten, Blickkontakt zu halten, wenn wir nicht im Vorbeiflug beraubt werden wollen.

KALIFORNISCHER ZWEIPUNKTKRAKE *OCTOPUS BIMACULOIDES*

Empfindsame Arme

Auf den ersten Blick sehen Kraken und andere Oktopoden nicht sonderlich empfindungsfähig aus, und der Kalifornische Zweipunktkrake macht da keine Ausnahme. Die kleine kompakte Art erinnert an einen vielarmigen weichen, fleischigen Beutel. Die Augen erkennen wir erst, wenn wir wissen, dass die großen blau und schwarz schillernden Markierungen (die »Zweipunkte«) auf beiden Seiten des Kopfes nur Scheinaugen sind, die auf Räuber abschreckend wirken sollen. Die echten Augen sitzen über diesen Punkten und verschmelzen mit der übrigen Tarnfarbe, es fällt uns schwer, einen gefühlvollen Ausdruck in sie hineinzuinterpretieren. Die Lebensform der Kraken ist uns völlig fremd (der australische Philosoph Peter Godfrey-Smith nannte sie die Kreaturen, die einem Alien am nächsten kommen) und bei ihrer kurzen Lebensspanne vermuten wir keine komplexe Gehirnentwicklung.

Und doch sagen uns diejenigen, die sich die Zeit genommen haben, Kraken besser kennenzulernen – die sie in Freiheit und Gefangenschaft beobachtet und ihrem Hirn herausfordernde Aufgaben gestellt haben –, seit Jahren, wie intelligent sie sind. Nicht nur im Verhältnis zu anderen wirbellosen Meerestieren, sondern im Verhältnis zu sämtlichen Tieren der Erde. Kann das sein?

Kraken sind sehr neugierig und benutzen ihre Arme, um ihre Umgebung eingehend zu erkunden. Im Gegensatz zu anderen wirbellosen Meerestieren, die passiv Futter filtern oder an einem Ort verharrend vorbeischwebende Beute fangen, sind Kraken und verwandte Kopffüßer aktive Jäger. Sie sind Allesfresser und haben verschiedene Ernährungsmethoden, da kommt ihnen ihr erkundendes und manipulierendes Verhalten zugute. Weil sie ihrerseits von anderen Tieren gejagt werden, verlassen sie sich auf diverse Ausweichmanöver. Sie können sich sehr schnell bewegen, ihre Tarnfarben im Nu denen der Umgebung anpassen und ihre weichen, verformbaren Körper in erstaunlich enge Spalten und Höhlen zwängen.

Letztere Fähigkeit stellte ein Gemeiner Neuseeländischer Oktopus namens Inky 2016 eindrucksvoll unter Beweis. Er schlüpfte aus seinem Becken im National Aquarium in Napier, nachdem ein Pfleger den Deckel versehentlich nicht richtig verschlossen hatte. Danach kroch er über den Boden, entdeckte ein schmales Abflussrohr, das in den Ozean führte, und entfloh. Niemand weiß, ob es eine willentliche Flucht in seine angestammte Heimat war oder ob ihn die Entdecker-

Die Arme eines Kraken sind, wie der Rüssel eines Elefanten und die Hände eines Affen, bemerkenswert geschickte Werkzeuge, die von einem ebenso eindrucksvollen Gehirn gesteuert werden.

lust hinauslockte, aber seine Pfleger beschrieben ihn als ungewöhnlich intelligent. Oktopoden verfügen über eigenständige Persönlichkeiten, sie sind aufgeschlossen oder abenteuerlustig, zurückhaltend oder passiv, und reagieren dementsprechend auf neue Situationen. Verspielt sind sie auch: 1999 ließen Wissenschaftler im Aquarium von Seattle eine leere Dose ins Becken fallen, um die Reaktion der achtarmigen Bewohner zu testen. Zwei der Oktopoden schossen die Dose mit einem Wasserstrahl aus ihrem Rückstoßantrieb gezielt auf das einströmende Meerwasser am anderen Ende des Beckens, das die Dose zu ihnen zurücktrieb – sie spielten dieses Spiel eine halbe Stunde lang.

Ihre Vorliebe (und ihr Geschick) für das Manipulieren von Objekten ist für Kraken von großem Vorteil, sie können zum Bespiel den Deckel einer Dose aufschrauben, um an einen Leckerbissen zu kommen. Menschen stellt diese Fähigkeit allerdings manchmal vor unerwartete Probleme. 2009 öffnete im Heal the Bay Aquarium in Santa Monica ein kleiner, weiblicher Kalifornischer Zweipunktkrake in einer Februarnacht das Ventil seines Beckens, woraufhin sich 760 Liter Meerwasser über die gerade neu eingerichtete Spielecke für kleine Besucher ergossen. Bei aller Erleichterung darüber, dass weder das Krakenweibchen noch andere Tiere verletzt wurden, gingen die Verantwortlichen doch lieber auf Nummer sicher und verschlossen das Ventil mit zusätzlichen Klammern.

Raum und Zeit

Kraken haben den natürlichen Drang, alle Objekte zu untersuchen, nicht zuletzt, weil sie ständig auf der Suche nach neuen Zufluchtsorten sind. Ihre weichen Körper erlauben es ihnen nicht, sich in den Meeresboden einzugraben, wie es so viele andere Meerestiere in Gefahrensituationen tun. Deshalb suchen sie nach Spalten an geeigneten Orten wie Felsformationen oder Korallenriffen. In ihr bevorzugtes Refugium flüchten sie sich bei Gefahr, dort ruhen sie oder verspeisen eine frische Beute. Doch es ist bekannt, dass sie auch natürliche und künstliche Gegenstände als Unterschlupf nutzen und sogar gefundene Objekte transportieren und umfunktionieren. 1990 berichteten Wissenschaftler, dass Kraken Kokosnusshälften sammelten, sie reinigten, an einen geeigneten Ort trugen, mit der Öffnung nach unten auf dem Meeresboden ablegten und darunterkrochen. Diese Beobachtung trug wesentlich dazu bei, unser Augenmerk auf die Gehirnleistung der Kraken zu lenken.

Kraken sind Einzelgänger und haben ein Revier, in dem sie sich bestens auskennen. Das belegen Beobachtungen jagender Kraken, die sich von ihrem Unterschlupf entfernen. Sie kehren nicht auf derselben Route zurück, sondern nehmen den direkten, kürzesten Weg. Das lässt darauf schließen, dass sie sich eine kognitive Karte *(mental map)* erstellt haben, die sie bewahren. Diese Karte im Kopf stützt sich wahrscheinlich auf sensorische Daten – beim Jagen etwa verlassen sie sich, der Topographie und ihrer Beute angepasst, sowohl auf den Seh- als auch auf den Tastsinn. In der Fähigkeit, sich zu erinnern und die Informationen über die Zeit hinweg (Temporalität) anzuwenden, sehen einige Wissenschaftler ein Kriterium für Bewusstsein.

Kopffüßer gehören – wie Schnecken *(Gastropoda)* und Muscheln *(Bivalvia)* – zu den Weichtieren *(Mollusca)*. Alle Weichtiere bündeln ihre Neuronen in paarigen *Ganglien* (Nervenknoten), und bei den meisten verteilen sich viele winzige Ganglien über den gesamten Körper. Nur bei den Kopffüßern konzentrieren sie sich im Kopfbereich zu einem großen Gehirn, und nur bei den Kopffüßern sind unterschiedliche Hirnregionen für das Gedächtnis und das Lernen zuständig.

Ein Hemmnis bei der Erforschung der Oktopoden ist ihre kurze Lebensspanne. Selbst die größten Spezies vollenden selten ihr fünftes Lebensjahr, und ein kleiner Kalifornischer Zweipunktkrake ist mit zwei Jahren ein Methusalem. Bei den meisten Spezies hängt die Lebensdauer von der Fortpflanzung ab, und auf diesem Gebiet stoßen wir auf ein profundes Beispiel von tierischem Altruismus. Männchen fallen kurz nach der Paarung in sich zusammen und sterben, und auch für das Weibchen bedeutet das Hervorbringen seiner einzigen Nachkommenschaft das Ende. Nachdem es seine Eier abgelegt hat, bleibt es bei ihnen, fächelt ihnen Sauerstoff zu und verteidigt sie gegen Räuber. In dieser Zeit stellt es alle anderen Aktivitäten, auch die Nahrungsaufnahme, ein. Wenn die Jungen schlüpfen, ist das Weibchen tot. Dem auf die Fortpflanzungsreife folgenden Verfall liegt keine bewusste Entscheidung zugrunde, er wird vielmehr von Hormonen gesteuert – entfernt man bestimmte Drüsen, leben die Oktopoden länger. Dass diese faszinierenden und intelligenten Tiere sich edel für ihre Kinder aufzuopfern scheinen, macht sie noch liebenswerter.

2

RECHNEN

Wie schnell, wie weit, wie viel?

Unser Planet, unser Sonnensystem und das Ganze mit Galaxien gefüllte Universum sind den Gesetzen der Physik und den mathematischen Formeln, in denen diese Gesetze ausgedrückt werden, unterworfen. Alle Lebewesen müssen damit zurechtkommen. Sie möchten die Erdanziehungskraft überwinden und fliegen? Dann müssen Ihre Schubkraft und Ihr Auftrieb größer sein als Ihr Gewicht und Luftwiderstand. Sie möchten an Ihren Geburtsort zurück? Dann müssen Sie in der Lage sein, diesen Ort auf dem Globus zu finden. Sie wollen bessere Chancen? Dann wäre das Berechnen der Wahrscheinlichkeit hilfreich.

Aus diesem Grund vermitteln Bildungsprogramme jeder Art mathematische und physikalische Kenntnisse. Selbst völlig vergeistigte Geisteswissenschaftler müssen statistische Tests anwenden, um zu prüfen, ob ihre Ergebnisse signifikant oder bloß zufällig sind. Manchen von uns fällt die bewusste mentale Meisterung all dessen, was mit Zahlen zu tun hat, in der Schule leicht, andere haben damit Probleme. Doch als physikalische Wesen, die sich durch Raum und Zeit bewegen und mit anderen physikalischen Entitäten interagieren, begreifen wir physikalische Gesetze auch durch aktive praktische Erfahrung. Wir lernen schon sehr früh, komplexe Muskelbewegungen so effektiv zu koordinieren, dass wir bald nicht mehr bewusst darüber nachdenken müssen, was nötig ist, um über einen Bach zu springen, einen schnellen Ball zu fangen oder einen Löffel vom Teller zum geöffneten Mund zu führen. Wer diese Fähigkeiten nicht entwickeln kann, oder sie verliert, hat es im Leben schwer.

Man könnte den gesamten Ablauf des Ballfangens – von der Einschätzung seiner Geschwindigkeit und Flugbahn bis zu den präzise getimten Bewegungen unserer Hände sowie dem »Kniff« unserer Muskeln, eine gewisse »Schlaffheit« beizubehalten, um den Aufprall abzufedern und die Gelenke zu schonen – als eine Reihe mathematischer Formeln beschreiben. Aber dieses Rechnen vollzieht sich ohne einen bewussten Gedanken an

Zahlen. Ist es überhaupt ein Rechenvorgang? Wir vergleichen unsere Gehirne gern mit Rechenmaschinen, und wir wissen, dass das menschliche Gehirn eine größere Rechenleistung und -geschwindigkeit – von Effizienz gar nicht zu reden – als jeder bisher von Menschenhand gebaute Super-Computer hat. Doch ein Großteil der Rechenleistung unseres Gehirns läuft eben unbewusst ab, und wenn wir bewusst rechnen, dauert es länger und ist fehlerhafter als bei einem simplen Taschenrechner. Deshalb fällt es uns schwer, uns verdientermaßen als Rechenmeister zu betrachten, und noch schwerer fällt es uns, diese Fähigkeit bei Tieren zu sehen.

Um zu verstehen, wie Tiere rechnen, müssen wir sowohl die Unterschiede als auch die Ähnlichkeiten von biologischen Gehirnen und menschengemachten Computern betrachten und anerkennen, dass ein über ein Gehirn verfügendes Tier ein komplettes biologisches System ist, das unzähligen Einflüssen unterliegt – von körperlichen bis zu emotionalen Bedürfnissen –, die jede seiner bewussten und unbewussten Entscheidungen bestimmen. Wir könnten zum Beispiel motiviert sein, den Ball zu fangen, um nicht von ihm getroffen zu werden, in diesem Fall wäre es eine plausible Alternative, sich zu ducken. Anders sähe es aus, wenn wir Basketball spielten und den Ball nicht an die gegnerische Mannschaft verlieren dürften.

Ein sich schnell bewegendes Etwas fangen respektive ihm ausweichen zu können, ist für Beutegreifer wie für Beutetiere überlebenswichtig. Tiere müssen auch berechnen, wie lange sie ohne zu atmen tauchen oder wie tief sie gefahrlos fallen können, wie groß Kraft- und Zeitaufwand sind, um die Quelle eines verlockenden Geräuschs oder Geruchs aufzuspüren, ja sogar, wie viele Junge sie füttern, wie viele sie verhungern lassen sollten, um ihre genetische Investition in die nächste Generation zu maximieren. In gewissem Sinne ist das Leben für uns und alle anderen Tiere reine Mathematik.

Starke Armtechnik

Wir Menschen neigen dazu, Gibbons zu ignorieren, obwohl sie neben den Großen Menschenaffen unsere nächsten lebenden Primaten-Verwandten sind. Wir nennen sie herablassend »Kleine Menschenaffen« – oder verwechseln sie sogar mit »gewöhnlichen« Affen. Das Erbgut der Gibbons, die wirklich viel kleiner und plüschiger als andere Menschenaffen sind, weist darauf hin, dass ihre Familie sich vor etwa 17 Millionen Jahren von unserer abspaltete. Von den Affen spalteten sie sich aber noch 12 Millionen Jahre früher ab, sie sind also enger mit uns als mit den Affen verwandt. Als Menschenaffen haben sie keinen Schwanz, dafür sehr bewegliche Schultergelenke und können deshalb mit den Armen hangeln.

Heute gibt es noch etwa 20 Gibbonarten. Sie alle leben in Südostasien in einem relativ kleinen Gebiet, das sich von Bangladesch nach Südosten bis nach Borneo und Java erstreckt. Da sie Waldtiere sind, bedroht die Abholzung der Regenwälder viele Arten extrem. Alle Menschenaffen sind Baumkletterer, aber nur der Mensch hat sich an das Leben im offenen Gelände angepasst . Wenn wir doch in den Wald zurückkehren, treibt uns vor allem das Verlangen an, ihn zu fällen, auf den Rodungen Nährpflanzen anzubauen und das Holz anderweitig zu verwenden. Unsere Gibbonvettern können aber ohne Bäume nicht leben.

Es gibt verschiedene Möglichkeiten, in der »übervollen« mittleren Etage eines Regenwalds herumzukommen. Einige Säugetiere laufen über die Äste und springen von einem zum anderen, andere klettern langsam und bedächtig, mit drei oder vier Gliedmaßen ständigen Baumkontakt haltend. Sie klammern sich mit Fingern, Krallen und in manchen Fällen auch mit einem Greifschwanz fest. Fledermäuse und Vögel, die im dichten Wald leben, haben meist relativ kurze, breite Flügel. Damit sind sie langsamer als ihrer langflügeligen Verwandten, können aber wendiger durchs Astgewirr manövrieren. Und dann sind da die Gibbons, die eine einzigartige Fortbewegungsart entwickelt haben – das Schwinghangeln *(Brachiation)*.

Wenn Sie sich einen auf einem Ast hockenden Gibbon ansehen, der Ihren Blick erwidert, wird Ihnen einiges auffallen: Sein etwas missbilligender, ernster Gesichtsausdruck (der bei vielen durch andersfarbige Augenbrauen betont wird), der Gesichtskragen, seine Neigung, sich klein zu machen, wenn er ausruht. Wenn Sie ihn aber in Bewegung sehen, werden Sie staunen, wie lang und stark seine Arme und seine Finger sind. Die Arme eines Gibbons sind etwa anderthalbmal länger

Mit Händen, die Haken ähneln, und beneidenswerter Oberkörperkraft sind Gibbons außerordentlich gut an eine ungewöhnliche Fortbewegungsart angepasst.

als seine Beine (und er hat keine kurzen Beine) und machen etwa 16 Prozent seiner Körpermasse aus. Die größeren Arten haben eine »Spannweite« von rund 1,5 Metern. Verliehe man einer Frau meiner Größe – 1,57 Meter – die Proportionen eines Gibbons, würde ihre Armspannweite von Mittelfingerspitze zu Mittelfingerspitze etwa 3 Meter betragen, und der Alltag wäre eine echte Herausforderung (obwohl sie dann ohne fremde Hilfe an die hohen Schränke käme).

Beim Schwinghangeln hangelt man sich an einem Ast entlang oder von Ast zu Ast, die Beine baumeln herab und helfen nur beim Schwungholen nach. Schimpansen, Bonobos, alle Orang-Utan-Arten und auch junge Gorillas (die massigen erwachsenen verzichten meist darauf) beherrschen diese Technik. Menschen können mit etwas Training, trotz ihrer langen, schweren Beine und recht kümmerlichen Arme, verhältnismäßig gute Schwinghangler werden, doch kein einziger Großer Menschenaffe reicht an die Schnelligkeit und Geschicklichkeit eines Gibbons heran.

Gibbons erreichen in den Bäumen Spitzengeschwindigkeiten von fast 55 Kilometern pro Stunde und fliegen dabei oft tatsächlich durch die Luft, wenn die eine Hand den Hakengriff gelöst hat und die zweite Hand noch nach dem nächsten Ast ausgestreckt ist. Noch bemerkenswerter ist, dass sie sich mit den Hinterbeinen abdrücken, aus dem Stand losschwingen und gut 10 Meter breite Lücken zwischen den Bäumen überwinden können. Dabei zeigt ihre hoch spezialisierte Anatomie, was in ihr steckt, denn dank ihrer kräftigen Finger, beweglichen Schultergelenke und kraftvollen Arme können Gibbons den Landeaufprall abfedern und ihre Vorwärtsbewegung beibehalten. Da sie auch kräftige Beine und greiffähige Füße haben, endet ein solcher Weitsprung auch mal damit, dass sie sich mit allen vier Gliedmaßen am nächsten Halt festklammern, doch in der Regel benutzen sie nur die Arme.

Kein anderes nicht fliegendes, in den Bäumen lebendes Tier ist so schnell wie ein schwinghangelnder und springender Gibbon. Deshalb können die relativ kleinen Gibbons, die mehr Fressfeinde haben als die Großen Menschenaffen, Leoparden, Schlangen und Adler hinter sich lassen und sich schnell und effizient zwischen den Futterplätzen bewegen.

Die Biomechanik ihrer erstaunlichen Sprungfähigkeit kann man auf dem Papier errechnen (oder man bedient sich schlau eines Taschenrechners), und zwar mit einer Reihe mathematischer Formeln, die das Körpergewicht des Tiers berücksichtigen (sowie das anteilige Gewicht des Muskelgewebes, das tatsächlich an diesem Prozess beteiligt ist), den Absprungwinkel, die Beschleunigung und die Endgeschwindigkeit. Diejenigen, die diese Rechenaufgabe bewältigt haben, kamen zu dem Ergebnis, dass ein Gibbon, der den Absprung mit den Hinterbeinen durch das Vorwärtsschwingen seiner Arme unterstützt, schneller und weiter unterwegs ist als jeder andere springende Primat und so manch sonstiger tierischer Sprungkünstler.

Schwingend zum Sieg

Gibbons sind armdominant, doch bei anderen großartigen Springern in der Säugetierwelt sind die Hinterbeine viel länger und kräftiger als die Vorderbeine. Denken Sie nur mal an ein Känguru oder eine Springmaus oder an vierbeinige Läufer, die auch gute Springer sind, wie ein Hase, Serval oder Springpferd. Wieso kann der Gibbon so gut springen, obwohl sein Körper fürs Armschwingen gebaut ist? Obwohl er sich aus der gebückten Haltung mit den Hinterbeinen abdrückt, sorgt der gleichzeitige kraftvolle Armschwung für einen großen Schub und Energie. Und es ist eine Menge Energie im Spiel, mehr als bei anderen springenden Tieren und fünfmal mehr als beim besten menschlichen Weitspringer. Der Gibbon hat ein anatomisches Handicap überwunden, indem er seine Energie in die Entwicklung und Ausübung einer hocheffizienten Methode gesteckt hat.

Im Gehirn des Gibbons ist der *Gyrus praecentralis* (eine große Windung) im Cortex erheblich größer als bei anderen Menschenaffen und Affen. Diese Region steuert die bewusste motorische Bewegung. Dass sie bei Gibbons so groß ist, beweist, wie überlebenswichtig eine exzellente motorische Steuerung (manchmal mit affenartiger Geschwindigkeit) für diese Tiere ist. Doch ist dieses Können angeboren?

Die Antwort lautet: »Nein!« Die »Hardware« ist – was Gehirn und Anatomie anbelangt – vorhanden, doch für die »Softwareentwicklung«, die eine vollständige und sichere Nutzung der Anatomie verspricht, sind Zeit, Übung und Gedächtnis nötig. Gibbons sind, wie andere Menschenaffen, intelligent und gelehrig. Ihre soziale Kognition scheint allerdings schwach zu sein, und beim Rätsellösen schneiden sie eher wie Affen ab. Ihre Gehirne sind einzig aufs Schwingen und Springen spezialisiert.

Fehlkalkulation

Das Training beginnt gleich nach der Geburt – als passiver Teilnehmer klammert sich ein Neugeborenes an den Bauch seiner Mutter und lernt hautnah, was ein erwachsener Gibbon kann und was nicht. Wenn das Baby alleine hangeln und klettern kann, übt es das Schwingen erst an einem Ast und bewegt sich dann vorsichtig unter den wachsamen Augen der Mutter von einem Ast zum anderen.

Ein ausgewachsener Gibbon ist groß genug, um die nötige Sprungkraft aufwenden zu können, aber so klein, dass er beim Landen keine Äste abbricht und abstürzt. Es kommt trotzdem gelegentlich zu Abstürzen und manche enden tödlich. Bei der Erforschung wilder Gibbons stellte sich heraus, dass viele verheilte Brüche hatten, meist in den Gliedmaßen. Gehirn und Körper eines Gibbons sind zwar so gut wie möglich an seinen Lebensstil angepasst, doch die Indizien legen nahe, dass sein »Extremsport« auch ein extremes Verletzungsrisiko birgt.

Sturmwellenläufer haben auffallende Nasenröhren, sehr passend für einen Vogel, der immer der Nase nach fliegt.

STURMWELLENLÄUFER *HYDROBATES PELAGICUS*

Klein, aber oho

Wenn die Fähre den kleinen Hafen von Stornoway auf den schottischen Äußeren Hebriden verlässt und die knapp dreistündige Reise nach Ullapool auf dem Festland beginnt, versammeln sich oft Vogelbeobachter in der Panoramalounge und suchen gespannt den wilden Nordatlantik ab. Sie können damit rechnen, Basstölpel, Eissturmvögel und Tordalke zu sichten, und mit etwas Glück auch Skuas und Sturmtaucher. Das große Los aber zieht, wer einen winzigen Vogel entdeckt, der dicht über der aufgewühlten Wasseroberfläche flattert und so aussieht, als könnte er jeden Moment von den Wellen verschlungen werden.

Der Sturmwellenläufer, dessen deutscher Name bis 2019 »Sturmschwalbe« lautete, ist eine von 18 Arten in der Familie der *Hydrobatidae*, der Wellenläufer, die auf der nördlichen Hemisphäre beheimatet ist. Mit den ihnen ähnelnden Sturmschwalben der Südhalbkugel (Familie der *Oceanitidae*, zehn Arten) gehören sie zu den kleinsten, in vieler Hinsicht aber beeindruckendsten Meeresvögeln. Während viele andere Meeresvögel mit kräftigen Flügelschlägen unterwegs sind, flattern die Sturmwellenläufer fledermausartig knapp über dem Wasser, lassen ihre langen, zarten Beine baumeln und berühren mit ihren kleinen Schwimmfüßen die Wellen – daher rührt ihr Name.

Den »Sturm« im Namen verdanken sie ihrer Fähigkeit, hervorragend mit rauem Seewetter zurechtzukommen. Häufig trifft man sie bei stürmischem Wetter und weitab von Inseln und Festland an. Einen sicheren Hafen aufzusuchen, käme ihnen nicht in den Sinn. Wenn sie nicht brüten, ziehen sie ungebunden über die sieben Meere. Wie die meisten Meeresvögel leben sie wesentlich länger als Landvögel von gleicher Größe. Ihr Lebensweg lässt sich nachverfolgen, weil sie in der Regel Jahr für Jahr in dieselbe Brutkolonie – und oft sogar in dieselbe Nisthöhle – zurückkehren. Das erleichtert es Ornithologen, sie zu fangen, zu beringen und Daten abzugleichen, falls sie schon beringt sind. Der älteste bekannte »britische« Sturmwellenläufer wurde im Sommer 1979 auf den Orkneyinseln beringt, als er bereits ein adulter Vogel war. Als man ihn 2017 wieder einfing, ging es dem mindestens 39-Jährigen immer noch prächtig.

Wenn das Küken eines adulten Sturmwellenläufers flügge geworden ist, fliegt er auf die hohe See hinaus und setzt monatelang keinen Fuß an Land. Er kann schwimmen und sich bei ruhiger See auf dem Wasser ausruhen, doch die meiste

Zeit verbringt er in der Luft und in den brutfreien Monaten legt er riesige Distanzen zurück. Selbst während der Brutsaison entfernt sich ein Sturmwellenläufer auf Nahrungssuche bis zu 300 Kilometer vom Nest, und sein etwas größerer Vetter, der Wellenläufer (*Hydrobates leucorhous*), fliegt erwiesenermaßen bis zu 2000 Kilometer und weiter, um Nahrung für seinen Nachwuchs heranzuschaffen. Diese Spezies fischt auf der Hochsee jenseits des Kontinentalschelfs und schlägt sich den Bauch mit Krill, Ruderfußkrebsen und fettreichem Plankton, aber auch mit Aas, voll. Seinen Mageninhalt würgt er später in den Schnabel seines einzigen Kükens. Sturmwellenläuferküken legen schnell Gewicht zu, können aber auch tagelang ohne Futter überleben. Das erlaubt ihren Eltern, möglichst weit hinauszufliegen und über der nahrungsreichen Tiefsee auf fetten Fang zu gehen.

Navigation und Wegfindung

Das Aas können Sturmwellenläufer dank ihres (in der Vogelwelt seltenen) ausgezeichneten Geruchssinns aufspüren. Zusammen mit den Albatrossen, Sturmtauchern und anderen Wellenläufern gehören sie zur Ordnung der *Procellariiformes*, der Röhrennasen, deren Name sich von den zwei Röhren auf ihrem Schnabel herleitet, durch die sie auch aufgenommenes Meersalz ausscheiden können. Alle gesammelten Gerüche analysieren sie in den großen Riechkolben ihres Gehirns. Röhrennasen nutzen ihren Geruchsinn außerdem, um ihre Nester an Felsenküsten oder -inseln wiederzufinden (die kleineren Arten fliegen zum Schutz vor Greifvögeln nur in der Dunkelheit zu ihren Küken).

Doch wenn sie nicht brüten, entfernen sie sich Tausende Kilometer vom Land und fliegen über weite Wasserflächen, die nicht einen einzigen Orientierungspunkt bieten. Sie sind keine Zugvögel im engeren Sinn, die auf einer (genetisch) festgelegten Route reisen, sie sind Vagabunden. Welche Daten analysieren sie also, wenn es Zeit wird, zu ihren Brutkolonien zurückzukehren und einen genauen Kurs dorthin auszutüfteln?

Die Navigationskünste von Tieren sind ein komplexes Rätsel, das uns besonders fasziniert, obwohl (oder weil) wir unseren angeborenen Orientierungssinn, den wir von unseren nomadisierenden Vorfahren geerbt haben, immer seltener nutzen. Diejenigen unter uns, die ohne Navi selbst an einem kurzen Rückweg scheitern, können nur staunen, dass ein allein reisender Vogel mit einem nicht einmal 2 Gramm schweren Gehirn über gewaltige, nie zuvor geflogene Strecken ohne jede Wegmarke (bei jedem Wind und Wetter) nach Hause zurückfindet.

Setzte man einen Menschen in einer strukturlosen Wildnis aus (an Land, nicht 2000 Kilometer von der nächsten Küste entfernt auf hoher See, wir wollen es nicht übertreiben), würde er nach einer Weile bestimmte Muster und Rhythmen erkennen und verstehen. Die Sonne geht zu vorhersagbaren Zeiten und an vorhersagbaren Punkten auf und unter, die sich von Tag zu Tag nur leicht verschieben. Die Sternbilder wandern langsam über den Himmel, der Mond beschreibt seinen Bogen. Auch andere Sinneseindrücke wird unser Mensch verstärkt wahrnehmen. Lauschte er auf die Vogelstimmen, könnte er am Gesang eines ihm vertrauten Vogels erkennen, dass er nicht mehr weit von Zuhause entfernt ist. Bestimmte Gerüche könnten ihn leiten. Es gibt sogar Hinweise darauf, dass Menschen das Erdmagnetfeld sensorisch wahrnehmen können. Wären wir in der Lage, dieses Potenzial auszunutzen, wäre das eine unglaubliche Hilfe beim Navigieren – ziehende Vögel beweisen es uns.

Über das Navigationskönnen von Vögeln wissen wir inzwischen einiges. Zugvögel orientieren sich so einfach wie offensichtlich optisch an Landmarken. Wie wichtig diese für sie sind, lässt sich daran ersehen, wie sicher und effizient erfahrene Vögel ihren Weg finden, während diejenigen, die sich zum ersten Mal auf die Reise machen, ihren Kurs nicht nachjustieren können, wenn sie etwa durch Winde abgetrieben werden. Bei vielen Spezies ist die Zugrichtung genetisch vorprogrammiert. Sie wissen, wann (wenn die Tage kürzer werden) sie wohin ziehen müssen. Und dann gibt es den »eingebauten« Magnetkompass. Die Schnäbel mancher Vogelarten enthalten Partikel des Minerals Magnetit, das auf Magnetfelder reagiert. Und in den Photorezeptorzellen der Netzhaut von ziehenden Rotkehlchen konnte man das Protein Cryptochrom 4 nachweisen, dessen Magnetsensor durch blaues Licht aktiviert wird – Rotkehlchen haben einen Kompass im Auge.

Zugvögel können sich auch an den Sternen orientieren. Das beweisen die vielen Langstreckenzieher (wie etwa Rauchschwalbe, Kuckuck und Nachtigall), die nachts wandern. Wie sie das tun, erforschte unter anderem der amerikanische Ornithologe Stephen Emlen an der Cornell University. Er brachte Indigofinken in ein Planetarium und beobachtete, dass die in Nordamerika beheimateten Vögel sich nicht an den Bewegungen einzelner Sterne oder Sternbilder orientierten, sondern daran, wie sich sämtliche Sterne um den fixen Polarstern drehen, der auf den nördlichen Himmelspol weist und auf der Nordhalbkugel ganzjährig sichtbar ist.

Doch zurück zu den Seevögeln, für die der Geruchssinn als Mittel zur Wegfindung sehr viel wichtiger ist, als man meinen könnte. Denn wenn man sie zeitweise dieses Sinnes beraubt, verschlechtern sich ihre navigatorischen Fähigkeiten drastisch. Seevögel wie die Sturmwellenläufer riechen so viel mehr als ihre Nahrung und ihre Brutkolonie, wenn sie über die Meere ziehen, bewegen sie sich in einer Welt aus zahllosen komplexen Duftspuren. Ihre Fähigkeit, die verschiedenen Düfte der unterschiedlichen Meereszonen wahrzunehmen und miteinander zu vergleichen, muss ihnen eine detaillierte »Geruchskarte« liefern, anhand derer sie zur rechten Zeit, wo immer sie sind, eine exakte Route nach Hause triangulieren können.

Das knapp 700 Gramm schwere Gehirn einer Giraffe macht nur 0,097 Prozent ihrer Körpermasse aus und wird von manchen Biologen als »außergewöhnlich klein« bezeichnet. Trotzdem ist es zu statistischen Berechnungen und somit effektiven Entscheidungsfindungen fähig.

Wie stehen die Chancen?

Es lässt sich nicht leugnen, Giraffen sehen unmöglich aus. Ihre sonderbaren Proportionen verwunderten die ersten Europäer, die sie zu Gesicht bekamen, doch das höchste Tier der Welt ist noch für andere Überraschungen gut. 2023 ergab eine Studie, dass es über ein Talent verfügt, das wir lange Zeit nur uns Menschen zutrauten – es kann Wahrscheinlichkeiten berechnen.

Die Fähigkeit, statistische Schlüsse zu ziehen, entwickeln Menschenkinder irgendwann im Alter von ein bis fünf Jahren. Einige Primaten und auch Keas (die verflixt cleveren neuseeländischen Papageien) besitzen sie ebenfalls, doch bei Giraffen, deren Gehirne proportional ziemlich klein sind, hätten wir sie nicht vermutet. Das Wissenschaftlerteam aus Barcelona und Leipzig machte sich den Umstand zunutze, dass die Probanden – zwei männliche und zwei weibliche Giraffen – Karotten lieber mögen als Zucchinis. Auf zwei durchsichtige Behälter wurden Karotten- und Zucchinistücke in unterschiedlichen Mengenverhältnissen verteilt. Ein Wissenschaftler nahm aus jedem Behälter verdeckt ein Stück Gemüse und bot der Giraffe seine geschlossenen Fäuste an. Bei den meisten Durchgängen wählte die Giraffe die Hand aus, die in den Behälter gefasst hatte, der mehr Karotten enthielt.

Das legt den Schluss nahe, dass die Giraffen ableiten konnten, aus welchem Behälter sie den bevorzugten Leckerbissen mit höherer Wahrscheinlichkeit bekamen. Als die Wissenschaftler die Versuchsbedingungen erschwerten und eine undurchsichtige Trennscheibe in die Behälter legten, sodass die Giraffen nur den oberen Teil des Inhalts sehen konnten, wählte nur eine der weiblichen Giraffen verlässlich die Hand, die in den Behälter mit den meisten sichtbaren Karotten gegriffen hatte. Zusätzliche Kontrollversuche schlossen die Möglichkeit aus, dass die Tiere ihre Wahl aufgrund anderer Faktoren, wie etwa Geruch, getroffen hatten.

Da fragt man sich doch, wofür eine Giraffe, die ihr Leben lang nur Blätter knabbert, die Fähigkeit des statistischen Denkens überhaupt braucht. Vielleicht sollten wir uns auch fragen, warum wir bislang vor allem die Intelligenz derjenigen Tiere erforschen, von denen wir bereits wissen, dass sie schlau sind.

Sonar im Schall-Labyrinth

Wenn Sie nachts das Licht ausmachen, was fühlen Sie dann? Im Stockfinstern können wir uns nicht mehr auf unseren wichtigsten Sinn verlassen und müssen stattdessen genauer darauf achten, welche Informationen über andere Sinne an unser Gehirn gelangen. Jedes sich bewegende Ding löst Druckwellen in der umgebenden Luft aus, die irgendwann unser Trommelfell so zum Schwingen bringen, dass die Haarzellen im Innenohr angeregt werden. Sie senden neuronale Signale ans Gehirn, die wir dann als Geräusch interpretieren. In völliger Dunkelheit, ohne jede visuelle Ablenkung, nehmen wir mehr Informationen des Hörsinns bewusst wahr als sonst und analysieren sie auch sorgfältiger.

Für eine Große Braune Fledermaus ist das Hören der wichtigste Sinn, und ein unbeleuchteter Raum macht sie glücklich. Lässt man darin ein paar Motten frei, wird die Fledermaus noch glücklicher. Bei Infrarotlicht kann man erkennen, dass sie auf der Jagd nach ihrer ebenfalls äußerst agilen Beute rasant eine komplexe Flugroute beschreibt – sie macht blitzschnelle Kehrtwenden, Sturzflüge, Salti, saust kollisionsfrei dicht an Wänden, Decken und Möbeln vorbei. Ihren Weg und ihre Beute findet sie mithilfe von Tönen, und es ist sonnenklar, dass die Klanglandschaft, die sie wahrnimmt, genauso detailreich ist wie die visuelle Welt, in die wir zurückkehren, wenn wir das Licht wieder anmachen. Doch die Töne sind nicht einfach »da«, die Fledermaus muss ihre akustische Karte aktiv anlegen, indem sie eigene Töne produziert.

Die meisten der mehr als 1400 Fledermausarten der Welt nutzen Echoortung. Mit dieser staunenswerten Fähigkeit, sich am reflektierten Schall zu orientieren, können sie Routen planen, Nahrung finden und sich vor Schaden bewahren, während sie mit Hochgeschwindigkeit bei fast völliger Dunkelheit durch einen dreidimensionalen Raum voller Hindernisse sausen. So wie die Sturmwellenläufer (*siehe* Seite 49) eine »Duftkarte« anlegen und mit ihr navigieren, erstellen sich Fledermäuse eine »Klangkarte«. Dazu stoßen sie Schreie im Hochfrequenzbereich aus und lauschen den Echos, wenn die Schallwellen von einem festen Objekt zurückgeworfen werden. Doch sie müssen noch mehr können: irrelevante Geräusche herausfiltern, ihre Karte an ihre Fluggeschwindigkeit anpassen (und den Doppler-Effekt kompensieren) und mit den Verteidigungsmaßnahmen bestimmter Beuteinsekten fertigwerden, die selbst Laute aussenden, um das Fledermaus-Sonarsystem zu stören.

Mithilfe der Echoortung können Fledermäuse die Kollision mit einem Baumstamm vermeiden oder federleicht auf ihm landen, wenn es Zeit für eine Pause ist.

Die in Nordamerika heimische Große Braune Fledermaus ist eine ziemlich durchschnittliche, insektenfressende, Echoortung nutzende Art aus der großen Familie der *Vespertilionidae* (Glattnasen). Man zog sie häufig für Versuche heran, doch es ist gar nicht so einfach, die Echoortung zu ergründen, denn selbst die empfindlichsten Geräte können kaum so viele Echos auffangen wie eine einzelne Fledermaus im Flug oder messen, wie unterschiedlich rechtes und linkes Ohr Töne auffangen.

Die meisten von uns finden Fledermäuse hässlich oder ihr Aussehen zumindest befremdlich. Ihre übergroßen Ohren, winzigen Augen und die platten Nasen mit den fleischigen Hautlappen sprechen unseren Schönheitssinn nicht an. Wir machen vielleicht eine Ausnahme für ihre Verwandten, die Flughunde, die große Augen, zierliche Ohren und fuchsähnliche Schnauzen haben, doch Flughunde verwenden keine Echoortung. Da ihre Nahrung (Nektar und Pollen) nicht herumschwirrt, verlassen sie sich auf Seh- und Geruchssinn. Insekten jagende Fledermäuse hingegen sind wahre Horchmaschinen, deren eigenartige Gesichtsform an das optimale Sammeln und Verarbeiten von Klanginformationen angepasst ist. Jede Falte von Nase und Ohren wurde von der Evolution so gestaltet, dass sie ihre Schreie gezielt ausrichten und jede Lautquelle möglichst punktgenau lokalisieren können.

Präzises Ausrichten

Im Flug gibt die Große Braune Fledermaus frequenzmodulierte Ultraschallpulse von sich (während manche Spezies mit konstanter Frequenz rufen). Die Pausen zwischen diesen Pulsen, die *Interpulsintervalle*, kurz IPI, können lang oder kurz sein. Diese Flexibilität hilft der Fledermaus, in einer unbekannten Umgebung mit vielen Hindernissen einen Weg zu finden, wie sich bei einer Studie zeigte: Die Fledermäuse mussten durch Korridore von verschiedenen Breiten (101, 71 und 40 Zentimeter) mit unterschiedlich vielen Hindernisse in Form von an der Decke hängenden Plastikketten navigieren. Je schmaler der Korridor war und je mehr Hindernisse es gab, desto kürzer wurden die IPI der Fledermäuse. Daran änderte sich auch bei wiederholten Durchläufen nichts, was darauf schließen lässt, dass die Fledermäuse sich nicht an das Raumlayout erinnerten (oder sich nicht erinnern mussten), sie berechneten die sicherste Flugroute jedes Mal anhand von Informationen, die ihre Ortungspulse ihnen in Echtzeit lieferten. Ihre Geräuschwahrnehmung ist ungeheuer präzise, sie hören eine Echoverzögerung von einer Zweimillionstelsekunde, das entspricht einer Entfernung von weniger als 0,08 Zentimetern. – Eine ausgesprochen nützliche Gabe, wenn man ein schnell schwirrendes Insekt anvisiert, das nur einige Millimeter groß ist.

Wir Menschen können unsere dunkle Umgebung mit einer hellen Taschenlampe sichtbar machen, riskieren dabei aber, geblendet zu werden. Der Ruf einer Großen

Braunen Fledermaus knackt die 138-Dezibel-Marke (in etwa die eines Flugzeugstarts) und müsste für ein Tier mit so sensiblen Ohren äußerst unangenehm sein. Die Fledermaus zieht daher die Muskeln des Innenohrs zusammen und blockiert ihren ohrenbetäubenden Ruf für die nötigen Millisekunden. Wie wir nur sehen, was sich im Lichtkegel unserer Lampe befindet, bildet die Klangkarte der Fledermaus nur den Umkreis von wenigen Metern detailliert ab. Stellen Sie sich vor, Sie würden im Dunkeln durch ein Labyrinth rennen und müssten im tanzenden Licht der Taschenlampe Ihren Weg finden und gleichzeitig auf Sie zufliegende Bälle fangen. Sie hätte garantiert große Mühe, Ihre Augen so effektiv zu nutzen wie eine Fledermaus ihre Ohren.

Das Risiko, sich von zeitlich überlappenden Rufen und Geräuschen verwirren zu lassen, ist groß, Große Braune Fledermäuse rufen deshalb erst wieder, wenn sie das Echo des vorigen Rufs empfangen haben. Das klingt im Grunde einfach – bis man weiß, mit welch hoher Frequenz sie in der Endphase der Jagd rufen: etwa 200-mal pro Sekunde. Diese Ruffolge wird »final buzz« genannt – sie läutet mit hoher Wahrscheinlichkeit das Lebensende des unglückseligen Nachtfalters ein. Bei jedem Jagdflug der Fledermaus laufen in ihrem Gehirn mit der Verarbeitung der Echosignale unaufhörlich Positionsberechnungen und -justierungen ab – und das in unglaublicher Geschwindigkeit.

Eine einzigartige Stimme

Den Großteil ihrer Ruhephasen verbringen diese Meister der Lautäußerung und -wahrnehmung kopfüber hängend mit anderen Fledermäusen. Da dürfte es nicht überraschen, dass Laute auch in ihrem sozialen Leben eine große Rolle spielen. Man hat herausgefunden, dass jede Große Braune Fledermaus ihren individuellen Ruf hat und dass es Ähnlichkeiten zwischen den Rufen verwandter Individuen gibt. Große Braune Fledermäuse ziehen, wie die meisten Fledermäuse, ihre Jungen in einer Kolonie auf – in der jede Mutter ihr eigenes Kind wiederfinden muss. Junge Fledermäuse beginnen bald herumzuhangeln und bleiben nicht unbedingt an dem Ort, an dem ihre Mutter sie zurückgelassen hat. Mithilfe ihrer einzigartigen Rufe können sie einander in einer trubeligen Umgebung wiederfinden. Adulte Fledermäuse können mit bestimmten Rufen ihren Nachbarn auch Streit- oder Versöhnungsbereitschaft kundtun.

WEISSER HAI *CARCHARODON CARCHARIAS*

Ein Tropfen Blut

Wir Menschen fürchten ihn wie kaum einen anderen Beutegreifer auf diesem Planeten, spätestens seit dem Kultfilm *Der Weiße Hai (Jaws)*, dabei könnten wir eine Begegnung mit ihm ganz einfach vermeiden, indem wir an bestimmten Stränden nicht baden gingen. Der Weiße Hai ist eine der größten Hai-Arten und der größte Hai (auch der größte Fisch), der andere Fische und Meeressäuger frisst und nicht etwa Plankton wie die noch größeren, aber nicht so Furcht einflößenden Spezies Walhai und Riesenhai. Die größten Exemplare werden über 6 Meter lang, und wir wissen von 80 bestätigten tödlichen Angriffen von Weißen Haien auf Menschen. Also haben wir dieses faszinierende und intelligente Tier kurzerhand zum Monster erklärt. Wegen seines Fleischs und anderer Körperteile wurde er lange Zeit so intensiv bejagt, dass er 1996 als »gefährdet« auf der Roten Liste der Weltnaturschutzunion (ICUN) landete. Nachdem er vielerorts unter Artenschutz gestellt wurde, haben manche Populationen begonnen, sich zu erholen, und der ausgewogenere und sensiblere Umgang mit ihm in Dokumentationen und Literatur hat sein Image verbessert. Wir bringen dem Weißen Hai inzwischen mehr Respekt entgegen und wissen aus Studien zu seinem Jagdverhalten, dass er keineswegs der wahllos alles verschlingende Killer ist, den Spielbergs Film zeigte.

Dass Haie eine feine Nase für Blut haben, gehört nicht ins Reich der Mythen – ein Weißer Hai kann einen einzigen Tropfen Blut in 83 Litern Wasser wittern, aber ob das seinen Appetit anregt, hängt von einer Reihe anderer Faktoren ab. Selbstverständlich verlassen sich Haie bei der Jagd sehr stark auf ihren außerordentlichen Geruchssinn. Sie können aber auch Infraschall, pulsierende Laute mit sehr niedrigen Frequenzen, wahrnehmen und reagieren sehr sensibel auf veränderten Wasserdruck (der von sich bewegenden Objekten erzeugt wird), elektrische Stöße (etwa die vom Herzschlag eines kleinen Fischs ausgesandten) und haben sehr empfindliche Geschmacksknospen, die ihnen verraten, ob sie das, was sie zwischen ihren Zähnen halten, auch wirklich fressen sollten. Dafür sehen sie nach menschlichen Maßstäben schlecht und können weder Farben noch Feinheiten erkennen, ihre Augen sind allerdings an schwaches Licht so gut angepasst wie an grelles. Ihre diversen Sinne liefern ihnen also jede Menge Informationen, die es ihnen ermöglichen, ihre Beute aufzuspüren. Außerdem haben Weiße Haie verschiedene Jagdtechniken entwickelt, mit denen sie ganz unterschiedliche Beutetiere fangen können – selbst Wale, die ebenfalls ziemlich intelligent sind.

Von wegen hirnloser Killer – der Weiße Hai verfügt über ein ganzes Arsenal an Supersinnen und die Intelligenz, seine Jagdtechnik an die jeweilige Beute anzupassen.

Timing ist alles

In der Regel nähern die Haie sich ihrer Beute unauffällig und schlagen dann im Sprint zu. Im Idealfall setzt der erste Biss das Beutetier außer Gefecht, und der Hai kann in aller Ruhe analysieren, ob es tatsächlich genießbar ist. Häufig weiß ein Hai aber genau, wen er angreift, weil er zu einer bestimmten Zeit an einen bestimmten Ort gewandert ist, um dort einer ganz bestimmten Beute aufzulauern. Obwohl sie als Opportunisten gelten und wirklich praktisch alles, was in den Weltmeeren schwimmt, fressen, haben Weiße Haie doch ganzjährig oder monatsweise »Lieblingsspeisen« und passen ihre Jagdtechniken an deren Verhalten an.

Ein Beispiel kann man jährlich von April bis September beobachten, wenn viele Weiße Haie in die südafrikanischen Gewässer ziehen, um sich an jungen Südafrikanischen Seebären gütlich zu tun. Die Jungen wagen sich sechs Wochen nach ihrer Geburt zum ersten Mal ins Wasser. Sie sind zwar keine volle Mahlzeit, lassen sich aber viel leichter fangen als die gewandteren Alttiere. Die Haie schleichen ein gutes Stück vor der Küste über den Meeresboden und suchen die Wasseroberfläche nach einzelnen oder in kleinen Gruppen schwimmenden Jungtieren ab, größere Gruppen sind aufmerksamer und stieben bei Gefahr verwirrend in alle Richtungen. Ein angreifender Hai schnellt mit Höchstgeschwindigkeit vertikal nach oben, springt aus dem Wasser und schnappt mit einem mächtigen Biss zu, man nennt diese Technik »Polaris-Angriff«. Er verzichtet auf den üblichen Geschmackstest und verschlingt den jungen Seebären sofort, vielleicht weil er diese Beute kennt oder weil er sie keinem anderen gönnt. Geübte Individuen haben eine Erfolgsquote, die über 80 Prozent liegt, und fressen am Tag ein Dutzend oder mehr Seebärenjunge. Jungtiere, die einen Angriff überleben, werden sehr vorsichtig und passen ihr Verhalten schnell an. Beginnt ihre Quote zu sinken, wandern die Haie zu neuen Jagdgründen.

Walmahlzeit

Seebären sind schlau, aber Wale sind noch schlauer. Bei jüngst dokumentierten Begegnungen zwischen Walen und Weißen Haien handelte es sich bei den fraglichen Walen um Orcas, und den Haien erging es schlecht. Doch 2020 filmte ein Forscher einen Weißen Hai, der es mit einem Buckelwal aufnahm, der zweieinhalbmal länger war und erheblich mehr als das Dreifache wog. Die Aufnahmen beweisen, wie strategisch und ambitioniert ein Weißer Hai vorgehen kann.

Dieser spezielle Hai war ein 4 Meter langes adultes Weibchen, dem Meeresbiologen den Namen Helen gegeben hatten. Auf ihr bedauernswertes Opfer traf sie vor der Küste Südafrikas. Der Wal schwamm allein, von seiner Schule zurückgelassen, an der Meeresoberfläche und war bereits verletzt. Doch ohne eine Strategie und

Geduld hätte Helen trotzdem keine Chance gehabt. Bei ihrem ersten Manöver näherte sie sich von hinten und biss den Wal in die Schwanzflosse, wobei sie eine Arterie durchtrennte. Dann zog sie sich zurück und wartete rund 30 Minuten, während der Wal viel Blut verlor und zusehends schwächer wurde. Beim zweiten Manöver konzentrierte sie sich auf den Kopf des Wals und es gelang ihr trotz Gegenwehr, sich zu verbeißen, den Wal unter Wasser zu ziehen und ihn dort zu halten, bis er ertrunken war.

Der Meeresbiologe Ryan Johnson, der das alles filmte, staunte über den gezielten gestaffelten Angriff: »Es war, als wüsste sie ganz genau, wie sie vorgehen musste.« Tatsächlich scheint es, als habe Helen begriffen, dass ihre Beute zum Überleben aufs Luftholen angewiesen war, was höchst erstaunlich ist, denn Angriffe von Haien auf große Wale werden so gut wie nie beobachtet. Zu den vielen Geheimnissen dieses charismatischen und sehr fähigen Beutegreifers gehört also wohl auch die Fähigkeit des strategischen Denkens.

Jedes Mal, wenn ein Springpferd sich einem Hindernis nähert, muss es augenblicklich entscheiden, ob es den Sprung bewältigen kann oder nicht.

HAUSPFERD *EQUUS CABALLUS*

Kalkuliertes Risiko

Es ist ein herrliches Zusammenspiel von Mensch und Tier. Das glänzend gestriegelte Pferd bewegt sich im leichten Galopp, von seinem Reiter präzise gelenkt, von einem bunten Hindernis zum anderen und setzt mit großen, mühelos wirkenden Sprüngen über die Stangen. Dann treibt der Reiter das Pferd vor dem nächsten Steilsprung an ... und im letzten Moment zieht das Tier die Hufbremse und verweigert. Der Reiter war sich sicher, dass sein Pferd das Hindernis nehmen könnte, das Pferd aber kam zu einem anderen Schluss.

Wenn Sie vor einem hungrigen Beutegreifer flüchteten und plötzlich auf einen Zaun oder einen Graben stießen, würden Sie vielleicht auch abstoppen – oder Sie würden den bestmöglichen Sprung wagen und das Beste hoffen. Aber vergessen wir den Beutegreifer einmal und nehmen an, Sie machten einen gemütlichen Spaziergang. Dann würden Sie wahrscheinlich vor dem Hindernis anhalten, an ihm entlanggehen und nach der schmalsten Stelle oder dem geeignetsten Absprungpunkt suchen. Sie würden den Anlauf planen, vielleicht sogar die Schritte abmessen, um sicherzugehen, dass Sie mit Ihrem kräftigeren Bein abspringen (obwohl Sie glauben, dass Sie das instinktiv sowieso täten). Sie könnten natürlich auch folgern, dass der Sprung Sie überforderte, und nach einem alternativen Weg suchen.

Bei diesen Szenarien läuft in Ihrem Gehirn ein Zusammenspiel von bewussten und unbewussten Denkprozessen ab. Gestützt auf das Feedback Ihres Körpers (wie stark oder müde Ihre Muskeln sich fühlen), können Sie erraten, wozu Sie fähig sind. Sie werden sich auch erinnern, wie weit oder hoch Sie in der Vergangenheit schon gesprungen sind. Außerdem werden Sie die möglichen Konsequenzen des Springens oder Nichtspringens abwägen. Ein schlechter Sprung kann mit Schmerzen, und falls wirklich ein Beutegreifer hinter Ihnen her wäre, sogar tödlich enden, ein guter kann Sie retten. Selbst beim harmlosen Szenario können wir nach einem geglückten Sprung damit rechnen, dass unser Gehirn uns mit Dopamin überflutet (einem Neurotransmitter, der als Botenstoff zwischen den Nervenzellen Freude transportiert, auch Glückshormon genannt)

Für ein Springpferd ist jeder Sprung eine Herausforderung, die es körperlich fast an seine Grenzen stoßen lässt. Die Aufgabe des Reiters ist es, das Pferd sorgfältig und beständig auf das Überwinden unterschiedlich hoher Hindernisse zu trainieren und jeden Erfolg zu belohnen. Es wird Monate, wenn nicht Jahre, dauern, bis das Tier seinen eigenen Fähigkeiten vertraut und überzeugt ist, dass sich die Mühe lohnt. Am Turniertag muss der Reiter das Tempo des Pferdes optimieren und vor jedem Hindernis einfühlsam auf es einwirken, damit es sich zum Sprung und nicht zum Verweigern entschließt. Es kann vorkommen, dass der Reiter das Pferd dazu bringt, wider sein besseres Wissen zu springen – was meist schiefgeht. Das Pferd touchiert eine Stange oder wirft sie ab und kassiert Fehlerpunkte – die für den Reiter misslich sind. Für das Tier zählt nur, ob es sich dabei verletzt. In der Regel geschieht das nicht, denn die oberen Stangen oder Blöcke eines Hindernisses sind so gestaltet, dass sie bei einer Berührung leicht herunterfallen – aber weiß das Pferd das?

Das Pferd ist seit etwa 6000 Jahren domestiziert. Durch selektive Züchtung entstand eine Vielzahl von Rassen, die sich in Körperbau, Größe und einem wesentlichen Merkmal, dem Temperament, unterscheiden. Bei manchen Rassen gelten der Fluchtinstinkt und die Erregbarkeit ihrer wilden Vorfahren als unerwünscht und wurden unterdrückt, doch Spring- und Rennpferde benötigen diese Eigenschaften (wenn auch in abgemilderter Form). Das Pferd muss »wissen«, dass es schnell rennen und hoch springen kann – es sind die über Millionen von Jahren entwickelten Instinkte eines Beutetiers, dessen Hauptverteidigungsmethode die Flucht ist.

Ein passionierter Reiter würde sicherlich widersprechen, wenn man ihm sagte, dass sein Pferd nur aus Angst galoppiert und springt. Und er hätte durchaus recht: Hauspferde und ihre Reiter gehen meist Bindungen ein, die von Zuneigung und gegenseitigem Vertrauen geprägt sind – ein Pferd ist immerhin viel stärker als sein Reiter. Warum also entscheidet sich das Pferd in der Regel, seinem Reiter zu gehorchen und einen riskanten Sprung zu wagen?

Es sind mehrere Gründe denkbar. Das Verhältnis Pferd-Reiter verändert sich, sobald der Reiter aufsitzt, und das Pferd könnte aus Angst vor der Person auf seinem Rücken so reagieren. Schließlich schlagen manche Reiter ihre Pferde mit der Gerte, und der Vergleich von Pferde- und Menschenhaut legt nahe (obwohl das so mancher nicht glaubt), dass ein Schlag mit der Gerte nicht nur ein aufmunternder Klaps ist, sondern ein Pferd so schmerzt, wie er uns schmerzte. Vielleicht lässt eine besonders enge Bindung von Pferd und Reiter das Pferd den Ehrgeiz des Reiters spüren, und es antwortet auf ihn wie auf ein Gefahr witterndes Tier in seiner Herde. Pferde reagieren sehr sensibel auf die Launen anderer. Zeigt man ihnen Fotos von Pferden mit Anzeichen von guter Laune (Ohren gespitzt, Nüstern und Maul entspannt) wie auch von Furcht und Abwehrhaltung (Ohren angelegt, Nüstern geweitet, Kiefer angespannt), werden sie sich ersteren nähern und letztere meiden. Sie reagieren auch auf menschliche Gemütslagen. Zeigt man ihnen Fotos von wütenden und fröhlichen Gesichtern und führt sie dann zu den wirklichen (nun neutral schauenden) Menschen, wenden sie sich denen zu, deren fröhliche Fotos sie gesehen haben.

Eine dritte Möglichkeit wäre, dass auch Pferde einen Dopaminschub beglückend finden, und tatsächlich zeigen Studien, dass bei Pferden die Verbindung von Dopaminausschüttung und angenehmer Erregung genauso ausgeprägt ist wie bei uns. Vielleicht springen sie also, um in diesen mentalen Zustand versetzt zu werden – salopp gesagt: aus Spaß an der Freude, die sogar ein größerer Anreiz sein könnte als eine Belohnung des Reiters. Aus evolutionärer Sicht ist es sinnvoll, dass bei einem von Beutegreifern bedrohten Tier ein Verhalten, das einer erfolgreichen Flucht ähnelt, vom Gehirn mit Glücksgefühlen belohnt wird. Wenn Pferde, vor allem die Fohlen, spielen, üben sie genau das: rasend galoppieren, flink wenden, natürlich auch springen und außerdem noch Balance halten, denn wenn sie ins Straucheln gerieten oder stürzten, könnten sie vor einem plötzlich auftauchenden Räuber nicht schnell genug fliehen. Wie bei anderen Säugetieren auch wird ihre unbewusste und bewusste Motorik im Kleinhirn (*Cerebellum,* liegt unterhalb des Großhirns und hinter dem Hirnstamm) koordiniert. Bei Pferden ist das Kleinhirn im Verhältnis zur Körpermasse relativ groß – und größer als das menschliche Kleinhirn – wobei ein Pferdegehirn nur etwa 600 Gramm wiegt (nicht einmal halb so viel wie ein menschliches).

Blitzschnelle Entscheidung

Kurz vor einem Sprung dürfte einem Pferd also ziemlich viel durch den Kopf gehen. Teilt es die Ansicht seines Reiters, dass es das Hindernis überwinden kann? Fühlt sich sein Körper absolut fit und gesund, gibt der Boden unter seinen Hufen ausreichend Halt für den nötigen kraftvollen Absprung? Fürchtet es, sein Reiter könnte ihm Schmerzen zufügen? Weiß es, dass es schon einmal über ein ähnlich hohes Hindernis gesprungen ist? Hat der Reiter das Tempo und die Entfernung richtig kalkuliert, oder muss das Pferd in Sekundenbruchteilen korrigieren? Fühlt es sich verfolgt oder spürt es eine sonstige Gefahr? Sieht es dem Erfolg und einer Belohnung (psychologischer oder materieller Art) entgegen oder fürchtet es, sich zu verletzen, wenn es das Hindernis touchiert?

Die endgültige Entscheidung, Sprung oder Verweigern, ist vermutlich das Ergebnis einiger, wenn nicht all dieser Berechnungen, und es ist kaum zu fassen, dass all dies unbewusst und blitzschnell in einem Gehirn abläuft, das so viel kleiner ist als unser eigenes. Da zeigt sich die Maschinerie des Hirns in eindrucksvoller Aktion – wir können das bei allen schnellen Tieren beobachten, doch unser spezielles Tier ist ein Pferd, das (teilweise) unter der Kontrolle eines menschlichen Reiters agiert. Das lässt uns ehrfurchtsvoll staunen und ahnen, warum das Band zwischen *Homo sapiens* und *Equus caballus* so stark und so dauerhaft ist.

AUSTRALISCHE KAISERLIBELLE *HEMIANAX PAPUENSIS*

Flug und Trug

Die Insektenwelt ist ein Mikrokosmos im weiten tierischen Ökosystem. Oder eher ein Makrokosmos, denn Insekten treten zahlreicher und weitaus vielfältiger auf als jede andere Tiergruppe. In ihrem Reich gibt es Pflanzen- und Fleischfresser, an seiner Spitze stehen die sechsbeinigen Jäger, die alle anderen verschlingen. Zu diesen Alpharäubern gehören Fangheuschrecken, Sandlaufkäfer und natürlich die schillernden Libellen.

Wenn eine Australische Kaiserlibelle aus ihrer Larvenhülle schlüpft, ist sie etwa 6,35 Zentimeter lang. Ihre Augen erinnern an XXL-Skibrillen und sie hat zwei lange, schmale Flügelpaare. Sie kann rückwärts fliegen, auf der Stelle schweben und bei Tempo 50 präzise Salti machen und wenden. Schwirrt eine an die Luftjagd angepasste Libelle neugierig ganz dicht an einen heran und bleibt dann in der Luft »stehen«, mag man sich fragen, ob man als Beute taxiert wird.

Libellen sehen ausgezeichnet und nehmen die kleinste Bewegung wahr. Wenn Sie eine ruhende Libelle fotografieren möchten, sollten Sie Ihre Kamera anheben, solange Sie noch ein gutes Stück entfernt sind, und dann sehr langsam näher schlurfen. Auf diese Weise scheinen Sie sich nicht zu bewegen, sondern werden allmählich größer. Man nennt diese Technik »Tarnbewegung« (*motion camouflage*), und die Libellen wenden sie selbst an – wenn auch viel geschickter und unter schwereren Bedingungen.

Die Studie eines von der Biologin Akiko Mizutani geleiteten Forscherteams der Australian National University ergab, dass Australische Kaiserlibellen sich durch Bewegung tarnen, wenn sie Beuteinsekten oder rivalisierende Libellen täuschen wollen. Anhand der Flugbahnen stellten die Forscher fest, dass die Libellen ihre Position selbst im schnellen Achterbahn-Kurs genau an die Position des anderen Insekts anpassen, sodass ihr Bild immer auf dasselbe der unzähligen Facettenaugen des anderen trifft – so erzeugen sie ein Trugbild der Bewegungslosigkeit. Wollten wir ein analoges Computerprogramm erstellen, wären Anzahl und Geschwindigkeit der nötigen Berechnungen schwindelerregend. Und doch ist ein Libellengehirn dazu in der Lage. Dieses Gehirn ist zwar winzig, aber hoch spezialisiert, und verfügt, wie kürzlich entdeckt wurde, über »Kleinziel-Bewegungserkennungs«-Neuronen. Es übersteigt unsere Vorstellungskraft, wie es wäre, durch diese Augen zu sehen und die Welt mit einem solchen Gehirn zu entschlüsseln. Es muss phantastisch sein, einen Tag als Libelle zu erleben.

Die Australische Kaiserlibelle trickst die visuelle Wahrnehmung ihrer Beute aus – so erscheint sie bewegungslos, obwohl sie sich nähert.

3

KOMMUNIKATION

Gesang, Tanz, Jump-Yip

An manchen Tagen fällt das konzentrierte Schreiben schwer, weil ständig das Telefon klingelt oder ein Pingen die nächste E-Mail ankündigt. Ebenso schwer ist es, diese Töne stummzuschalten, denn sie versprechen uns die Befriedigung eines Grundbedürfnisses – des Bedürfnisses zu kommunizieren. Wir Menschen sind, wie fast all unsere Primaten-Vettern, sehr soziale Wesen. Doch unsere Fähigkeit, uns einer effizienten und ausgefeilten Kommunikation zu bedienen, ist definitiv nicht etwas, das »uns von den Tieren unterscheidet«.

Es gibt viele Gründe, warum ein Tier mit einem anderen kommunizieren möchte oder muss, und viele, viele verschiedene Arten, es zu tun. Nesthockende Singvogelküken betteln, wenn ein Elternteil mit Nahrung zurückkehrt, doch der Altvogel trägt nur Futter für ein Küken und hält es oft nacheinander in die aufgesperrten Schnäbel aller, bis er es dem eifrigsten Bettler überlässt. Hungrige Haubentaucherküken lassen zu ihrem pausenlosen Schreien auch den roten Fleck an einer kahlen Stelle am Kopf stärker leuchten. Fledermausmütter rufen bei der Rückkehr in die Kolonie nach ihren Jungen, und die Jungen rufen zurück. Paarungsbereite Tiere senden dem anderen Geschlecht mit Lautäußerungen, optischen Reizen und Duftmarkierungen Signale – die gleichzeitig dazu dienen können, Rivalen abzuschrecken. Männliche Säugetiere testen Urin, um festzustellen, ob ein Weibchen empfänglich ist. Eine Berührung kann eine Geste der Zuneigung, aber auch eine Drohung sein. Manche Warnsignale sollen andere nicht vertreiben, sondern sie auf eine Gefahr aufmerksam machen – und viele Warnrufe werden auch von anderen Spezies verstanden.

Selbst die erklärten Einsiedler unter den Tieren verfügen über diverse Kommunikationssignale (obwohl die meisten ein und dieselbe Botschaft haben: »Hau ab!«). Die komplexesten kommunikativen Fähigkeiten haben jedoch die besonders sozialen Spezies entwickelt. Tiere, die in Verbänden leben oder ihre Jungen in Kolonien aufziehen, müssen miteinander auskommen, und in geschlossenen Gruppen müssen sie auch »zusammenarbeiten« können. Missverständnisse, Streit und offener Kampf werden möglichst vermieden – sie verbrauchen kostbare Energie und lenken von überlebenswichtigeren Aktivitäten ab. Also sind auch Signale, die Konflikte entschärfen, wichtig. Ebenso wichtig ist es, dass bei Gefahr, die der gesamten Gruppe droht, sofort eine Warnung erfolgt, die von allen verstanden wird.

Wenn Tiere gemeinsam auf Wanderschaft sind, ist Kommunikation überlebenswichtig, deshalb ist es nötig, dass gewisse Botschaften über weite Strecken getragen werden. Bei Teamaktivitäten, wie etwa der Gruppenjagd, muss jedes Individuum seine Rolle kennen und den anderen seine Absichten kommunizieren können. Bei Balzritualen tauscht ein Paar eine ganze Reihe von Informationen teils sehr lautstark aus. Ein Pfauenhahn präsentiert seiner potenziellen Partnerin mit seinen aufgefächerten Schwanzfedern den Beweis für seine guten Gene und seine robuste Gesundheit. Er jagt ihr nach, um ihr seine Laufstärke zu beweisen, aber auch, um ihre Fitness zu testen. Führen ein männlicher und ein weiblicher Haubentaucher ihren komplizierten, synchronisierten Balztanz auf, stellen sie ihre Kondition, Gesundheit, Teamfähigkeit und einiges mehr unter Beweis. Wenn sie nach Pflanzen tauchen und diese dann schwenken, während sie sich Brust an Brust aus dem Wasser aufrichten, ist das eine ritualisierte Darbietung des Brutpflegeverhaltens – sie »fangen Nahrung« und bringen sie ihrem »Küken«.

In Familienverbänden, die ein gemeinsames Heim bauen und ein Leben lang zusammenbleiben, ist die Kommunikation komplex, konstant und erfolgt auf mehreren Ebenen. Die Gruppenmitglieder versichern sich regelmäßig, ob es den anderen gut geht, sie überwachen gegenseitig ihre biologischen Prozesse und geben detaillierte Botschaften von sich, die so ausgefeilt sind, dass man sie mit menschlichen Sprachen vergleichen kann. *Eusoziale* Spezies, bei denen zahlreiche »Arbeiterinnen« ihr Leben in den Dienst eines »Staats« und seiner »Königin« stellen, bedienen sich der höchstentwickelten und geradezu übernatürlich scheinenden Kommunikation.

BLAUWAL *BALAENOPTERA MUSCULUS*

Tiefes Wasser, tiefe Töne

Der Anblick eines Blauwals, der beim Auftauchen eine hohe, dampfende Atemluft-Fontäne (Blas) ausstößt, bevor er mit elegant gebogenem Rücken wieder im Meer verschwindet, berührt uns enorm. Enorm ist auch seine Erscheinung – mit einer Länge von bis zu 33 Metern ist er das größte Tier, das je auf unserem Planeten lebte. Es ist uns fast gelungen, ihn durch Überjagung auszurotten, doch 1966 wurde er unter Schutz gestellt. Seither hat sich der Bestand zwar langsam erholt, ist nun aber von Umweltverschmutzung, Klimawandel und anderen Gefahren bedroht.

Blauwale sind nicht sonderlich sozial, nur in den reichen Nahrungsgründen sieht man sie in großen Gruppen. Sie erinnern sich, wann in welchen Gebieten besonders viel Krill zu finden ist, und kehren Jahr für Jahr zur rechten Zeit zurück.

Als Infraschall bezeichnet man Schallwellen mit Frequenzen unterhalb des menschlichen Hörbereichs (20 Hertz und weniger), die hörsensible Menschen allerdings als ein summendes Vibrieren der Trommelfelle registrieren können. Viele Tiere nehmen tiefe Frequenzen sehr viel besser wahr als wir, sie hören Infraschall nicht nur, sie benutzen ihn auch zur Kommunikation.

Blauwale sind leidenschaftliche »Sänger«. Sie nutzen die Tatsache, dass sich Infraschall unter Wasser sehr gut ausbreitet, und geben extrem laute Töne von sich, vorwiegend in einem Spektrum von 8–25 Hertz. Ihre Gesänge sind lang und komplex, haben Strophen und Themen und unterscheiden sich von Population zu Population. Die Funktion dieser Gesänge ist noch nicht ausreichend erforscht, doch beide Geschlechter singen in den Nahrungsgründen, und die Walbullen werben mit Gesang um die Kühe. Seit den 1960er-Jahren werden die Gesänge tiefer, vielleicht weil ein Ultra-Bass und mit ihm der Wal besonders stark klingt.

Ein Blauwal kann den Gesang eines anderen über eine Distanz von 1600 Kilometern oder mehr hören. Das könnte auf eine weltumspannende Kommunikation hindeuten. Eine Schallwelle braucht eine halbe Minute, um unter Wasser 40 Kilometer zurückzulegen, die Echoortung ist für diese riesigen Wale also eine völlig andere Erfahrung als für eine jagende Fledermaus. Wandernde (und ständig singende) erwachsene Blauwale navigieren im dreidimensionalen Meeresraum auf der schnellsten Route zwischen hohen Tiefseebergen hindurch – mit der Echoortung »zeichnen« sie ihre Karten, die sie offenbar im Laufe ihres etwa 90-jährigen Lebens dank Erfahrung und Gedächtnis verbessern.

Der Blauwal ist das größte Tier unseres Planeten und hat die mächtigste Stimme, die unverkennbare Schallwellen über 1600 Kilometer durch die Ozeane sendet.

SCHWARZSCHWANZ-PRÄRIEHUND *CYNOMYS LUDOVICIANUS*

Kenne deinen Feind

Das einmal vorneweg: Präriehunde sind keine Hunde. Man hat sie so genannt, weil sie kläffende Laute von sich geben, die aber treffender als Fiepen zu beschreiben wären. Sie gehören zu den Hörnchen, genauer gesagt zu den Erdhörnchen. Erdhörnchen sind in der Regel größer und kräftiger als ihre Baumhörnchen-Verwandten und haben einen schlanken, kürzeren Schwanz und kleinere Ohren, sie leben für gewöhnlich in selbst gegrabenen Tunneln und sind sehr gesellig.

Sämtliche fünf Präriehund-Arten der Welt sind in Nordamerika heimisch. Die bekannteste und am weitesten verbreitete ist der Schwarzschwanz-Präriehund, der vom nördlichen Mexiko über den Mittleren Westen der USA bis ins südwestliche Kanada zu finden ist. Ein adulter Präriehund wiegt etwa 900 Gramm – die Männchen sind etwas schwerer als die Weibchen – und ist um die 40 Zentimeter lang. Wie andere Hörnchen richtet er sich oft auf die Hinterbeine auf, um sich einen besseren Überblick zu verschaffen, denn er hat viele verschiedene Fressfeinde und muss jederzeit bereit sein, sich vor einem Kojoten, einem Falken, einer Schlange oder sonstigen Räubern in Sicherheit zu bringen.

Präriehunde bauen sich in ihren Graslandhabitaten große »Städte« aus Tunneln und Kammern. In den größten finden Tausende Individuen Platz. In diesen Kolonien ist alles streng geregelt, es gibt diverse Gruppen, die wiederum in Untergruppen gegliedert sind, die kleinste soziale Einheit besteht aus einem Männchen mit bis zu drei adulten Weibchen und den noch nicht geschlechtsreifen Nachkommen. Diese Familienverbände oder *Cliquen* verteidigen ihren Bau gegen begehrliche Nachbarcliquen, doch wenn ein einzelnes Tier etwas zu sagen hat, das alle angeht, reagiert die ganz Stadt geschlossen darauf.

Der Warnruf ist ein hervorragendes Beispiel für eine Kommunikationsform, an der unterschiedliche Spezies teilhaben. Jede Vogelbeobachterin, die im Wald plötzlich eine Kakophonie von Warnrufen diverser Singvogelarten hört, weiß, dass es sich lohnt, diesen Rufen nachzugehen, denn die Chancen stehen gut, dass die Singvögel eine Eule an ihrem Schlafplatz aufgestöbert haben. Das erste aufgeregte »Tschack-tschack-tschack« hat alle alarmiert. Die Warnrufe der verschiedenen Arten klingen erstaunlich ähnlich (obwohl sich ihr Gesang und ihre Kontaktrufe stark unterscheiden). Andererseits ist es sinnvoll, bei einer generellen Gefahrenlage alle ansprechen zu können. Eine schlafende Eule stellt keine Gefahr dar, doch das ändert sich, sobald sie in der Abenddämmerung, wenn die Singvögel

Stadtschreier: Sollte sich ein Feind nähern, steht dieser wachsame Präriehund bereit, allen anderen in Hörweite sofort eine detaillierte Beschreibung zuzurufen.

schlafen gehen, erwacht. Deshalb sammeln sich die Singvögel gleich und versuchen, die Eule durch Anschreien zu vertreiben. Sie handeln ganz ähnlich, wenn sie eine Katze entdecken oder ein anderes aus dem Hinterhalt jagendes Säugetier, dem sie ausweichen können (solange sie es im Auge behalten) – schlicht und einfach, weil sie fliegen können, der Jäger aber nicht.

So ähnlich die Vertreibungsrufe der Singvögel klingen, so sehr ähneln sich auch die allgemein verständlichen Warnrufe bei einer Gefahr, die sehr viel unmittelbarer ist – zum Beispiel bei einem am Himmel rüttelnden Falken, der sich jederzeit herabstürzen könnte. In dieser Situation laut zu rufen, hieße, sein Leben zu riskieren, daher gibt der erste Warner ein leises hohes »Ziiie« oder »Piiiep« von sich, das schwerer zu lokalisieren ist. Doch auf diese Art des Warnrufs reagieren die übrigen Spezies anders: Wer nicht schon in Deckung ist, sucht sich sofort eine und verhält sich still, bis die Gefahr vorüber ist.

Die Art des Warnrufs an die Art der jeweiligen Gefahr anzupassen, ist sehr clever. Ein Präriehund, der ein Signal hört, das »Falke im Anflug« bedeutet, sollte tunlichst ohne einen Blick zurück in den nächsten Tunnel springen. Doch wenn der Ruf »Ich habe eine Schlange entdeckt« ertönt, könnte ein Sprung in den Bau tödlich enden – da ist es besser, sich aufzurichten, umzusehen und herauszufinden, wo die Schlange eigentlich ist, um dann oberirdisch zu flüchten. Es dürfte also keine allzu große Überraschung sein, dass all die fiependen und quiekenden Töne, die in unseren Ohren gleich klingen, aus vielen verschiedenen Lauten bestehen, die unterschiedliche Bedeutungen haben und unterschiedliche Reaktionen auslösen. Überraschend ist hingegen, wie variantenreich, komplex und detailliert diese Rufe sind. Was Präriehunde von sich geben, kann man durchaus als Sprache betrachten.

Adjektiv, Substantiv, Verb

Der Verhaltensbiologe Con Slobodchikoff hat in Arizona jahrzehntelang die Lautäußerungen wilder Präriehunde erforscht. Er lauschte auf die Feinheiten und erkannte, dass die Präriehunde eine große Bandbreite charakteristischer Rufe verwendeten, die ganz offenbar auf den Grad der Gefahr, die von einem Feind ausging, hinwiesen. Auf den Pfiff für »Kojote« reagierten die Erdhörnchen schneller und ängstlicher als auf den für »Hund«. Und er gewann eine weitere Erkenntnis: Auch für Individuen einer anderen Spezies hatten die Präriehunde spezifische Pfiffe. Nun stellte sich die Frage, ob ihre Rufe detaillierte beschreibende Informationen enthielten.

Um sie beantworten zu können, stützten sich Slobodchikoff und sein Team auf ein spezielles Computerprogramm, das alle Lautkomponenten analysierte, denn diese Aufgabe überforderte selbst das sensibelste menschliche Ohr. In einer Versuchsanordnung ließen sie eine Reihe von Menschen und Hunden einzeln und nacheinander an einer Präriehund-Kolonie vorbeidefilieren. Die Hunde (ein Husky, ein Golden Retriever, ein Spaniel und ein Dalmatiner) waren deutlich auseinanderzuhalten, die Menschen trugen T-Shirts in verschiedenen Farben. Das Ergebnis warf die Forscher um: Die Präriehunde antworteten auf jeden *Stimulus* mit einem unverwechselbaren Ruf, der genaue Informationen über Größe, Gestalt und Farben enthielt – komprimiert in einem Pfiff, der kaum eine Zehntelsekunde währte. Auch aus der Frequenz der Rufe ließen sich Informationen ableiten – auf eine schnell gehende Person reagierten die Präriehunde mit schnell aufeinanderfolgenden Pfiffen, auf eine schlendernde mit einer langsameren Ruffolge.

Warum sollte es einen Präriehund interessieren, wie groß ein herannahender Hund ist oder welche Farbe das T-Shirt eines vorbeispazierenden Menschen hat? Eine mögliche Antwort auf diese Frage liefert uns das Jagdverhalten der Kojoten. Diese Räuber gehen nicht immer nach demselben Schema vor, wenn sie eine Präriehund-Stadt betreten. Manche stürzen sich auf den erstbesten Präriehund, andere lauern in aller Ruhe vor einem abgelegenen Tunneleingang. Wenn nun verschiedene Individuen wenigstens einer Fressfeind-Art auf unterschiedliche Weise gefährlich sind, scheint es eine gute Idee zu sein, diese Individuen erkennen und beschreiben zu lernen. Wenn der Pfiff ertönt, der »großer gelbbrauner Kojote rennt« bedeutet, wäre es für einen Präriehund, der schon einmal mit knapper Not einem Kojoten, auf den diese Beschreibung passt, entkommen ist, geraten, sein Verhalten anzupassen und auf der Flucht einen Zahn zuzulegen.

Alle für einen und einer für alle

Die Schwarzschwanz-Präriehunde verfügen über ein charakteristisches Signal, das die gesamte Kolonie anspricht, aber nicht mit einer bestimmten Gefahrensituation in Verbindung steht. Es ist ein Pfiff, der von einem plötzlichen Aufrichten, dem Zurückwerfen des Kopfs und dem Ausstrecken der Vorderbeine begleitet wird. Dieser »Jump-Yip« (Sprungfiepsen) ist so ansteckend wie eine La-Ola-Welle und scheint ein Aufmerksamkeitstest zu sein. Wenn der Nachbar einen »Jump-Yip« macht, sollte man seinem Beispiel sofort folgen, um zu beweisen, dass man auf den anderen achtet.

Viele Biologen und Linguisten argumentieren, das Kommunikationssystem der Präriehunde sei weit davon entfernt, eine Sprache zu sein – doch diese Haltung verdeutlicht im Grunde nur, dass wir uns auf keine exakte Definition für das Phänomen Sprache geeinigt haben. Con Slobodchikoff ist der Ansicht, dass ausgeklügelte und ausgesprochen sprachenähnliche Kommunikation in der Tierwelt verbreiteter ist, als wir annehmen, und dass wir mehr Beispiele entdecken werden, wenn wir nur genauer hinhören und unsere Decodierungsmethoden kreativer verfeinern.

STEPPENZEBRA *EQUUS QUAGGA*

Der Duft der Stuten

Allzu oft werden uns Zebras in Naturdokumentationen über die Savannen südlich der Sahara nur als apart gemustertes Löwenfutter präsentiert. Doch es ist kurzsichtig, ein Zebraleben auf den Opferstatus und ein schickes Outfit zu reduzieren.

Zebras leben in gemischtgeschlechtlichen Gruppen. Stuten werden einmal im Monat für fünf bis zehn Tage rossig, doch wirklich paaren wollen sie sich nur an zwei oder drei dieser Tage. Bei den Steppenzebras ist die kleinste soziale Einheit eine sehr stabile Gruppe, die aus einem Hengst und mehreren Stuten sowie deren Fohlen, die für gewöhnlich vom Leithengst abstammen, besteht. Stuten halten ihren Leithengsten langfristig die Treue, und die Leithengste verteidigen ihre Stuten gegen Rivalen. Ungebundene, meist junge Hengste bilden Junggesellen-Herden und trainieren ihre Kampfkünste, während sie darauf warten, sich ihren eigenen Harem zulegen zu können – in der Regel locken sie eine junge Stute von ihrer Geburtsherde weg. Beide Gruppentypen gehen auf saisonale Wanderungen zu frischen Weideplätzen und finden sich manchmal zu riesigen Herden zusammen.

Bei den Grevyzebras geht es anders zu. Diese Art kennt weder Harems noch stabile Gruppen. Erwachsene Hengste verteidigen ein Revier, und die Stuten wandern, wie es ihnen beliebt, von einem Revier und einem Hengst zum anderen. Um die Attraktivität seines Reviers zu erhöhen, gräbt ein Hengst sogar eigene Wasserlöcher. Wenn das die »Damen« zum Kommen und Bleiben animiert, ergeben sich ausreichend Paarungsmöglichkeiten.

Bei beiden Arten gehört es zu den wichtigsten Aufgaben eines Hengsts, herauszufinden, wann eine Stute rossig ist. Das bedeutet, dass er ständig den Zyklus mehrerer Stuten beobachten muss, damit er seine Avancen auf die richtige konzentrieren kann. Eine Stute zeigt ihre Paarungsbereitschaft durch Verhaltenssignale an, doch der Hengst kann auch riechen, wann ihr Östrus (die Brunft) beginnt. Dann wird er in ihrer Nähe bleiben und wiederholte Paarungsversuche starten (die sie wiederholt zurückweisen wird), doch gleichzeitig muss er alle Informationen, die seine Nase ihm über die übrigen Stuten in seinem Umkreis liefert, verarbeiten, sich gegebenenfalls umorientieren – und dabei ständig bereit sein, Rivalen zu vertreiben. Der erfolgreichste Steppenzebra-Hengst hat maximal etwa acht Stuten in seinem Harem. Doch die Grevy-Stuten sind unstete Wesen, daher muss ein Grevy-Hengst schnelle und exakte Duft-Rechnungen ausführen, wenn er seine Gene möglichst oft weitergeben will.

Ein Zebra-Hengst muss ein Leben lang ein Auge und eine Nase auf die Stuten in seiner Nähe haben und entscheiden, auf welche er seine Energie konzentriert.

PRACHTLEIERSCHWANZ *MENURA NOVAEHOLLANDIAE*

Ein sagenhaftes Repertoire

Ist es ein Vogel? Ist es eine Motorsäge? Oder ist es vielleicht ein Handy, ein schreiendes Baby oder eine quäkende Hupe? Mit dem ersten Vorschlag lägen Sie richtig – es ist ein Vogel, doch kein gewöhnlicher Vogel. Der australische Prachtleierschwanz verdankt seinen Namen den ausgefallenen, sehr langen Schwanzfedern, die das Männchen beim Balztanz auffächert und schüttelt. Noch formidabler ist allerdings seine Stimme und vor allem sein Imitationstalent.

Ein Leierschwanzhahn baut sich in seinem Revier eine Art Balz-Arena, die aus diversen Erdhügeln besteht. Auf diesen Podien singt er sein Lied und führt für die vorbeikommenden Hennen einen Fächertanz auf. Die Tanzschritte stimmt er auf seinen Gesang ab, der zu 20 bis 25 Prozent aus »Leierschwanz-Tönen« besteht, der Rest sind Imitationen von den Gesängen anderer Vögel und von sonstigen Geräuschen. Die alleinerziehenden Hennen nutzen ihren Gesang (ebenfalls mit Imitationen), um Nest und Futterplätze vor Eindringlingen zu schützen. Die imitierten Töne klingen in unseren Ohren unglaublich echt, und selbst die nachgeahmten Vogelarten lassen sich manchmal täuschen. Das ist umso beeindruckender, wenn man bedenkt, dass junge Leierschwänze ihr Repertoire von Altvögeln lernen und nicht von den Originalquellen.

Lässt sich ein Geschlecht bei der Partnerwahl von Vorlieben für bestimmte äußerliche Merkmale leiten, spricht man von *sexueller Selektion*. Sie ist für eine ganze Reihe von Wunderlichkeiten in der Natur verantwortlich, wie etwa die prächtige Schwanzschleppe des männlichen Pfaus, die skurrilen Beinverrenkungen balzender Springspinnen – und die superbe Imitationskunst des Leierschwanzes.

Die Henne erwartet vom Hahn nicht, dass er ihren Lieblingston singt – es kommt auf die Qualität und Quantität der Elemente an, nicht darauf, was das einzelne Element darstellt. Das Lied muss als *ehrliches Signal* von den Qualitäten des Hahns künden, und es kann nur ehrlich sein, wenn er viele Mühen auf sich nimmt, um sein Repertoire ständig zu erweitern und einzuüben. Das erfordert sehr viel Zeit und Energie, die der männliche Leierschwanz sonst auf seine Selbstpflege verwenden könnte. Wenn er also eine wahre Klangsinfonie zum Besten geben kann und dabei immer noch prächtig aussieht, teilt er der Umworbenen mit, dass er exzellente Gene hat und dass auch seine Nachkommen (die seine Gene mit denen der Henne kombinieren) erfolgreich, stark und prächtig sein werden.

Ein Prachtleierschwanz-Hahn kann praktisch jedes Geräusch imitieren, sein Balzgesang ist eine furiose Komposition aus diversen Soundeffekten.

Köstliche Tänze

Im späten Mesozoikum, als die Welt noch von Dinosauriern, Flugsauriern und anderen prähistorischen Kreaturen bevölkert war, entwickelten sich die ersten Bedecktsamer oder Blütenpflanzen. Der Pollen, den sie produzierten – und der, vom Wind von Blüte zu Blüte getragen, die Befruchtung ermöglichte –, war reich an Proteinen und eine Art Superfood für die Vorfahren unserer Käfer, Ameisen, Wespen und Bienen. Wenn sie sich von einer Pflanze zur anderen bewegten, trugen sie die Pollen am Körper mit sich, und so begann eines der lebenswichtigsten und buntesten koevolutionären Abenteuer, die unser Planet je gesehen hat.

Honigbienen haben eine *eusoziale* Lebensweise entwickelt: Ein Individuum (die Königin) bleibt im großen Stock (Nest) und legt Eier, während zahllose in der Regel unfruchtbare Arbeiterinnen ausfliegen, um Pollen und Nektar zu sammeln – ihre Körper sind daran angepasst, beides in großen Mengen tragen zu können. Unterwegs naschen sie etwas, doch alles, was sie in den Stock zurückbringen, dient dazu, die Innendienstler zu ernähren. Dazu gehören die Königin, alle Larven vor dem Verpuppungsstadium, die jungen Drohnen (männliche Bienen) und die jungen Arbeitsbienen, die sich noch mit Putz-, Ammen- und Wachdiensten beschäftigen.

Ein Bienenvolk funktioniert wie *ein* großer Organismus. Da wundert es nicht, dass jede einzelne Biene ausgesprochen kommunikativ ist und mit den anderen pausenlos chemische, auditive und visuelle Signale austauscht. Wenn Sie das Treiben eine Weile beobachten, werden Sie feststellen, dass die Arbeiterinnen sich mit den Fühlern berühren, gegenseitig putzen und diverse Aktivitäten koordinieren. Mit etwas Glück sehen Sie auch die berühmteste Form der Honigbienenkommunikation.

Wenn eine Arbeiterin eine neue Futterquelle findet, kehrt sie in den Stock zurück, um ihren Schwestern die Neuigkeit in Form eines interpretierenden Tanzes mitzuteilen. Ihr *Schwänzeltanz* folgt einer achtförmigen Figur, seine Ausrichtung und Dauer erzählt den anderen genau, wie weit die Futterquelle entfernt ist und in welcher Richtung sie liegt. Und je intensiver sie mit dem Körper wackelt (schwänzelt), desto größer ist das zu erwartende Nahrungsangebot. Auch wo Wasser oder neue Nistplätze zu finden sind, kann ein Tanz anzeigen. Eine tanzende Biene sendet außerdem Pheromone und den Duft des gesammelten Nektars aus, damit die anderen Sammlerinnen ihrer Duftspur in der Luft folgen können; als zusätz-

Eine Arbeitshonigbiene kehrt zu ihren Schwestern zurück, um ihnen tanzend eine köstliche Geschichte zu erzählen.

liches Erkennungsmerkmal verfüttert sie Nektar. Die um sie versammelten Bienen spüren auch das elektrische Feld, das sie erzeugt, und leiten aus ihm wahrscheinlich weitere Informationen ab. Es ist bekannt, dass Pollen an den Bienen haften bleibt, weil er elektrisch negativ aufgeladen ist, ein Bienenkörper aber positiv, und dass Bienen Veränderungen in den elektrischen Feldern von Pflanzen wahrnehmen und daraus ablesen können, wann das Nektarium einer Blüte zum letzten Mal geleert wurde.

Oft tanzen mehrere Arbeiterinnen auf verschiedenen Waben gleichzeitig, die übrigen Bienen müssen also entscheiden, welcher Tanz der vielversprechendste ist. Sie werden auch darauf achten, ob eine einfachere Variante, der Rundtanz, aufgeführt wird, der eine Nektarquelle anzeigt, die relativ nahe am Stock liegt. Ebenfalls zur Tanzsprache gehört der eher unbekannte Zittertanz: Eine voll beladene Sammlerin wechselt zwischen Kurzsprint und einem zuckenden Zittern auf der Stelle. So teilt sie den anderen mit, dass sie sofort alles stehen und liegen lassen sollen, um die Heimkehrerin von ihrer Nektarlast zu befreien. Eine weitere Tanzvariante fordert die Schwestern zur Pelzpflege auf.

Es lebe die Königin!

Der Mensch begann vor rund 7000 Jahren in Afrika und Eurasien, Bienen zu halten, doch zweifellos hatte er zuvor seit Tausenden von Jahren wilden Honig gesammelt. Wilde Honigbienen bevorzugen Spalten und Höhlen (insbesondere in Bäumen) als Nistplätze, und es war einfach, eine gut gelüftete Kopie zu bauen. Im 19. Jahrhundert entwickelte sich daraus der moderne Bienenkasten, der den effizienten Wabenbau unterstützt. Vielleicht stellten die ersten Imker einfach eine Unterkunft (Beute) auf und hofften, dass irgendwann Bienen einziehen würden, doch eines Tages erkannte der Mensch, dass man eine Bienenkolonie viel einfacher steuern kann, wenn man die Königin identifiziert und isoliert.

Unter natürlichen Bedingungen füttern die Arbeiterinnen in einem guten Sommer etwa 20 Larven mit Gelée royale, um aus ihnen fruchtbare Königinnen anstelle von unfruchtbaren Arbeiterinnen zu ziehen. Wenn sich diese »Thronanwärterinnen« verpuppen, macht sich die alte Königin mit der Hälfte ihres Volks auf und sucht einen neuen Nistplatz, man nennt das *Schwärmen.* Im Stock kommt es daraufhin zum Kampf der Jungköniginnen. Die einzige Überlebende (meist die Erstgeschlüpfte, denn sie kann die noch verpuppten zu Tode stechen) fliegt aus, um sich mit Drohnen aus einem anderen Volk zu paaren. Sie kehrt mit einem Spermienvorrat in den Stock zurück, mit dem sie für den Rest ihres Lebens ihre Eier befruchten wird. Während sie ihre Mutterkarriere beginnt, bleiben die Arbeiterinnen bei ihrem sechswöchigen Lebenstrott – erst Aufräumerin und Amme, in der zweiten Hälfte dann Sammlerin.

Ein Königreich für ein Sekret

Das klingt irgendwie vertraut: Man schenkt dem großen Boss alle Zeit und Energie und bekommt dafür im Gegenzug Kost und Logis (nur der Zwischenschritt des Geldaustauschs entfällt). Honigbienenarbeiterinnen verlangen allerdings nie eine Nektar-Steigerung und sie kündigen auch nie. Doch es ist nicht alles, wie es scheint. Die Königin ist keine absolute Herrscherin, sondern auf die Gnade ihrer Arbeiterinnen angewiesen. Die nun sind auf eine Königin angewiesen, die Eier legt und den Stock am Leben erhält, doch *sie* entscheiden, ob diese Königin lebt oder stirbt. Die Arbeiterinnen produzieren das Gelée royale, das die Macht besitzt, aus einer Arbeiterinnenlarve eine Königin zu machen. Wenn ihre Königin schwächelt (weil sie verletzt oder zu alt ist und nicht mehr genug Eier legt), töten die Arbeiterinnen sie und erschaffen sich eine neue.

Eine gesunde, leistungsfähige Königin muss nicht fürchten, von ihren Arbeiterinnen gemeuchelt zu werden. Solange sie ihren Teil des Pakts erfüllt, wird ihr Volk gut für sie sorgen. Doch ohne die *Königinnensubstanz* sähe das anders aus. Dieses Sekret, dessen wissenschaftlicher Name 9-Oxo-2-decensäure lautet, produziert eine gesunde Königin in ihren Mandibeldrüsen. Für uns ist es geruchlos, doch für Honigbienen ist es ein aussagekräftiges Pheromon. Begibt sich die neue Königin auf ihren Hochzeitsflug, lockt es die Drohnen an, kehrt sie in den Stock zurück, wirkt es auf die Arbeiterinnen ein – es lässt ihre Ovarien schrumpfen und hindert sie an der Aufzucht neuer Königinnenlarven. Durch das pausenlose gegenseitige Putzen und Füttern verteilen die Bienen das royale Pheromon in der ganzen Kolonie. Versiegt es, verbreitet sich die Nachricht im Nu und die Arbeiterinnen rotten sich zusammen, um ihre Herrscherin zu stürzen.

Solange die Königin ausreichend Königinnensubstanz abgibt, bleibt sie unangefochten, und es werden ständig neue Arbeiterinnen als Ersatz für die verstorbenen aufgezogen. Wird es im Stock zu eng, schwärmen die Bienen und bilden eine neue Kolonie. Drohnen schlüpfen (aus unbefruchteten Eiern) nur, wenn sie gebraucht werden – um auszufliegen und eine fremde jungfräuliche Königin zu befruchten. Eine Königin lebt etwa vier Jahre und legt in dieser Zeit rund eine Million Eier. Obwohl Honigbienen keine Stimme und nur eine Million Gehirnzellen haben (wir haben 100 Milliarden), »sprechen« sie doch ausführlich miteinander und können dank dieser Fähigkeit in einem riesigen, ungeheuer komplexen und effizienten Gesellschaftssystem leben.

POTTWAL *PHYSETER MACROCEPHALUS*

Was sagst du?

Der Pottwal ist ein Tier der Superlative – er hat das größte Gehirn aller Lebewesen, taucht länger und tiefer als jeder andere Säuger und ist ein ausdauernder Wanderer durch sämtliche Weltmeere.

Sein Erkennungsmerkmal ist der gewaltige »Doppeldeckerschädel«, der das Equipment beherbergt, das ihn zum lautesten aller Tiere macht. Die Klicklaute zur Echoortung werden in einem riesigen, mit einer Fettschicht (Walrat) ausgekleideten Resonanzraum verstärkt, bevor sie mit ohrenbetäubenden rund 235 Dezibel ausgestoßen werden. Sein hoch spezialisiertes Klicksonar hat einen engeren Fokus als das seiner kleineren Verwandten, dafür reicht es weiter und dürfte verhindern, dass er auf den Meeresgrund aufschlägt, wenn er sehr schnell und tief nach seiner Lieblingsspeise, dem Riesenkalmar, taucht.

Weibliche Pottwale und ihre Kälber leben in Schulen von sechs bis zu 20 Individuen. Sie jagen oft gemeinsam und treiben dabei ihre Beute zusammen, um effizienter zuschlagen zu können. In ihrer Freizeit widmen sie sich vor allem geselligen Aktivitäten. Sie schwimmen eng beieinander und tauschen sich mit langen Sequenzen von Klicklauten aus, die man *Codas* nennt.

Pottwalschulen bleiben unter sich und es ist sehr selten, dass ein Weibchen seine Gruppe verlässt. Das deutet auf eine sehr ausgeprägte Gruppenidentität hin, und tatsächlich spricht jede Gruppe ihren eigenen Dialekt. Interessanterweise unterscheiden sich die Dialekte besonders stark, wenn zwei Schulen auf relativ engem Raum leben und die Wahrscheinlichkeit, dass sie sich begegnen, groß ist.

Bei ihren Tieftauchgängen (routinemäßig bis zu 2000, manchmal auch bis zu 3000 Meter tief) entfernen sich Pottwale auch mal weit von ihrer Schule. Im dunklen Wasser hören sie die anderen, bevor sie sie sehen können, und daher ist das Rufen und Lauschen der beste Weg, möglichst schnell zur Gruppe zurückzufinden (besonders, wenn Gefahr, etwa von Orcas, droht). Sie verhalten sich gegenüber Artgenossen, die den »falschen« Dialekt sprechen, nicht feindselig, sondern ignorieren sie einfach, so wie wir Sprachen ausblenden, die wir nicht verstehen. Das Coda-Repertoire (Dialekt) wird von Mutter zu Tochter weitergegeben und innerhalb einer Familie (deren Mitglieder 70 Jahre alt werden können) wohl über Jahrhunderte gepflegt.

Eine Pottwal-Schwesternschaft pflegt ihre engen Bande durch den Austausch von Codas – typischen Klicklaut-sequenzen, die keine andere Familie versteht.

Zwei-Wege-Kommunikation

Unser Lieblingshund kann lockiges Fell, eine platte Schnauze oder sabbernde Lefzen haben. Er kann ein schlanker, pfeilschneller Athlet oder eine »Wurst auf vier Beinen«« sein. Er kann die Größe eines Kaninchens oder eines Ponys haben ... Sie werden inzwischen verstehen, worauf ich hinauswill: Hunde treten in verwirrend vielen Gestalten auf, weil wir sie über Generationen hinweg selektiv gezüchtet haben, um bevorzugte Merkmale zu verstärken. Doch wenn man all diese Stammbäume zurückverfolgt, treffen sie sich irgendwann am selben Punkt – bei den Ururur-und-so-weiter-Großeltern, die Wölfe waren.

Wölfe sind Spitzenprädatoren und Schlüsselarten innerhalb ihres Ökosystems, denn sie regulieren die Gesundheit der großen Populationen von weidenden Herdentieren und auch das Vorkommen kleinerer *Mesoprädatoren*. Die natürliche Präsenz von Wölfen in einem Habitat verbessert das Wohlbefinden aller, von den Pflanzen bis zu den größten Pflanzenfressern und anderen Fleischfressern, und ihr Verschwinden schadet der Biodiversität. Als sehr soziale und kooperative Wesen boten sie sich für eine Domestizierung an – ihre Intelligenz und Stärke in ein treues und fügsames »Modell« zu verwandeln, hat für den Menschen vieles leichter und besser gemacht.

Die ersten Wölfe wurden vor etwa 23 000 Jahren domestiziert, heute gibt es weltweit rund 900 Millionen Haushunde, die sich auf über 350 anerkannte Rassen und unzählige Kreuzungskombinationen verteilen. Manche Rassen wurden zum Bewachen gezüchtet, andere zum Kämpfen, manche Züchtungen brachten Sichtjäger hervor, andere Geruchsverfolger. Manche treiben Schafe zusammen, andere fangen Ratten, und diverse werden allein ihrer Schönheit oder ihres sanften und liebevollen Charakters wegen gezüchtet. Sie alle sind nicht so aufgeweckt wie ihre wild lebenden Vorfahren. Ein Hund mit der Körpermasse eines wilden Wolfs hat ein um 10 Prozent kleineres Gehirn – so ein Schwund ist die normale Folge jeder Haustierwerdung. Trotz allem ist dieses Gehirn ein beeindruckender Denkapparat, der aus unserer Sicht vor allem mit der Gabe, uns Menschen zu verstehen, zu lieben und uns treu zu bleiben, punktet.

Jeder Hundebesitzer weiß, dass sein Liebling lernen kann, Wörter zu unterscheiden und ihnen ein Verhalten zuzuordnen. Sitz, Bleib, Platz, High Five – diese simplen Stimmkommandos kann man einem aufmerksamen Hund ganz

Abertausende Jahre der Verbundenheit mit dem Menschen haben die Gesichtsmuskulatur der Hunde verändert. Sie beherrschen nun wie wir die Kunst des Augenbrauenhebens.

einfach beibringen, wenn man das korrekte Betragen mit einem Leckerli belohnt. Derselbe Hund entschlüsselt auch bald ohne spezielles Training bestimmte Wortgruppen, »Auf in den Park« lässt ihn freudig zur Tür springen, bei »Bin bald zurück« weiß er, dass sein Mensch ausgeht, er aber nicht mitdarf, und schlurft gekränkt zum Sofa. Arbeitshunde zeichnen sich durch eine besonders ausgeprägte Lernfähigkeit aus – ein Schäfer kann seinen Border Collie allein mit Wort- und Lautkommandos anleiten, eine Schafherde durch einen Hinderniskurs zum Ziel zu treiben.

Aber können Hunde auch sprechen lernen? Die Sprachtherapeutin Christina Hunger hilft in Chicago Kindern, die mit Sprachverzögerung zu kämpfen haben, ihre Gedanken und Wünsche auszudrücken. Dafür bekommen die Kinder einen sogenannten Talker, der ganz einfach funktioniert: Drückt man auf eine Symboltaste, ertönt ein ganz bestimmtes Wort. Eines Tages wollte Christina Hunger wissen, was ihre junge Mischlingshündin Stella dachte, und übte mit ihr an einem vereinfachten Soundboard, ihr Verlangen in Sprache zu übersetzen.

Stella begriff das Konzept schnell und nutzte ihr Soundboard bald mit verblüffendem Geschick. Mit »Essen« gefolgt von »nein« etwa erklärte sie, dass sie noch nichts zu fressen bekommen hatte. Als sie Christina einmal beim Gießen der Zimmerpflanzen zuschaute, drückte sie den Knopf für »Wasser« – da ihr Trinknapf frisch gefüllt war, wollte sie offenbar keinen Wunsch ausdrücken, sondern ihre Beobachtung mitteilen. Und dann kam der Tag, an dem sie wiederholt die Tasten »will«, »spielen«, »draußen« drückte, und als Christina dieser Aufforderung nicht nachkam (weil sie gerade telefonierte), nutzte die zunehmend frustrierte Hündin das Gerät, um »hab dich lieb« und »nein/nicht« zu sagen. Diese erstaunlichen Beispiele unterstreichen nicht nur die kommunikativen Fähigkeiten einer Hündin, sondern deuten uns auch die Bandbreite ihrer Gefühle an.

Inzwischen nehmen auch andere Besitzer von Hunden (und Katzen) an diesen Versuchen teil. Hunde werden mit ähnlichen Geräten darauf trainiert, die Namen ihrer tierischen Lieblingsspielkameraden zu erlernen, und fragen ihre Besitzer, ob sie in einen bestimmten Park gehen und mit einem bestimmten Hund spielen dürfen. Oder sie fragen nach einem Menschen aus ihrer »Familie«, der verreist ist. Oder sie machen ihren Menschen darauf aufmerksam, dass es einem anderen Haustier nicht gut geht. Als ich davon las, musste ich an den Animationsfilm *Oben* denken, in dem ein Golden Retriever namens Dug mithilfe eines speziellen Halsbands spricht. Die Stimme, die daraus ertönt, ist menschlich, doch was sie zu sagen hat, ist ausgesprochen hündisch: »Ich hab dich jetzt schon schrecklich lieb«, »Wow, ein Ball« und »EICHHÖRNCHEN!«

Gesichtlesen

Die meisten Hunde verlassen sich eher auf ihren Geruchs- als auf ihren Sehsinn. Doch Haushunde studieren Menschengesichter eingehend und sind sehr gut darin, den Ausdruck, den sie auf ihnen sehen, zu interpretieren. Wenn Sie Ihren Hund anlächeln, wird er mit einem Schwanzwedeln oder einem anderen freudigen Zeichen reagieren, wenn Sie ihn aber gereizt ansehen, wird er sich besorgt die Schnauze lecken. Hunde sind nicht die einzigen Haustiere, die menschliche Mienen verstehen, doch sie sind Meister in dieser Disziplin. Diese Gabe ist ihnen nicht angeboren, sie müssen sich vielmehr mächtig anstrengen, denn ihre »Gehirn-Hardware« ist nicht so stark auf Gesichter programmiert wie unsere. Auf ein Foto vom Hinterkopf eines Menschen reagieren sie mit derselben Gehirnaktivität wie auf ein Foto von seinem Gesicht. Darüber hinaus beobachten sie die menschliche Körpersprache genau, was für uns sehr hilfreich ist, wenn wir mit ihnen einüben, wie sie sich in menschlicher Gesellschaft verhalten sollen.

Wenn es darum geht, Gesichter zu ziehen, sind sie selbst ziemlich auf Draht, und viele der Gesichtsausdrücke, mit denen sie uns bedenken, wird man bei einem wilden Wolf nie sehen – es ist ein Kommunikationswerkzeug, das Hunde einzig und allein für die Hund-Mensch-Interaktion entwickelt haben. Diese Entwicklung geht im wahrsten Sinne des Wortes unter die Haut – sie haben zwei neue Gesichtsmuskeln ausgebildet, die es ihnen ermöglichen, die Augenbrauen zu heben (Wölfe können das nicht). So erzeugen sie den typischen Hundeblick, der uns Menschen an ein trauriges Kind erinnert und dahinschmelzen lässt. Sie setzen ihn gezielt ein, etwa wenn sie eine Aufgabe nicht ohne unsere Hilfe lösen können oder wenn sie unsere Fürsorge erbitten.

Der Blickkontakt von Hund und Mensch festigt das Band ihrer Freundschaft, denn wenn sie einander in die Augen sehen, werden beide Spezies mit Oxytocin überschüttet. Dieses Hormon, das im Hypothalamus, einer Schaltzentrale im Gehirn, produziert und über die Hirnanhangdrüse in die Blutbahn geleitet wird, hat einige sehr nützliche Funktionen. So sorgt es zum Beispiel dafür, dass sich bei gebärenden weiblichen Säugetieren der Uterus zusammenzieht. Es wird auch freigesetzt, wenn wir mit geliebten Menschen schmusen (allerdings auch, wenn wir uns betrogen fühlen oder eifersüchtig sind). Oxytocin gilt als Auslöser sozialer Gefühle und ist für den Aufbau emotionaler Bindungen entscheidend.

Hunde sind zwar nicht auf menschliche Gesichter geeicht, doch die 23 000 Jahre währende Koevolution hat ein sehr spezielles, komplexes Kommunikationssystem zwischen Mensch und Haushund hervorgebracht. Und es ist der Hund, der alles getan hat, um sich anzupassen und zu lernen, wie man diese merkwürdigen aufrecht gehenden Affen, die seiner Evolution eine völlig neue Richtung gegeben haben, versteht und wie man mit ihnen spricht. – Das ist wahre Freundschaft.

Große Tümmler scheinen sich in Sekundenschnelle und für uns unmerklich auf eine improvisierte Synchrondarbietung verständigen zu können.

GROSSER TÜMMLER *TURSIOPS TRUNCATUS*

Ist das Telepathie?

Wer liebt sie nicht, diese Musicalmomente, wenn zwei Menschen, die sich gerade erst begegnet sind, auf einmal in vollkommener Harmonie zu singen (oder zu tanzen oder zu singen und tanzen) beginnen? Wir wissen, dass dieser Darbietung monatelange Proben vorausgegangen sind, und erliegen doch der Illusion spontaner Perfektion. Ob uns das im wahren Leben gelänge? Große Tümmler können es zumindest.

Zwei männliche Große Tümmler wurden in Gefangenschaft darauf trainiert, auf bestimmte Zeichen ihres Trainers hin bestimmte Bewegungen auszuführen. Danach wurden sie einzeln auf das Kommando »Anders« geschult: Es bedeutete, dass sie beliebige Bewegungen aus ihrem erlernten Repertoire, egal ob Sprung, Salto oder Winken mit der Flosse, in beliebiger Reihenfolge ausführen, aber nicht wiederholen durften. Im nächsten Schritt lernten beide gemeinsam auf das Kommando »Tandem« hin, dem Zeichen ihres Trainers folgend, eine bestimmte Bewegung simultan auszuführen, um sich eine fischige Belohnung zu verdienen.

Danach kombinierten die Forscher die beiden Kommandos zu »Tandem anders«: Die zwei Tümmler mussten sich nicht nur eine Folge von Bewegungen ausdenken, sondern sie auch gleichzeitig ausführen. Es gelang ihnen mit Leichtigkeit. Nun bauten die Trainer einen neuen Schwierigkeitsgrad ein und brachten ihnen einzeln das Kommando »Sei kreativ« bei: Die Tümmler mussten selbst eine neue Bewegung ersinnen, wenn sie mit einem Fisch belohnt werden wollten Als sie das gelernt hatten, wurden sie gemeinsam vor die Aufgabe »Tandem sei kreativ« gestellt. Daraufhin schienen sie einen Moment zu »konferieren«, dann tauchten sie ab, um gleich darauf gemeinsam im hohen Bogen aus dem Becken zu schnellen und gleichzeitig einen Schwall Wasser auszuspucken – diese Aktion gehört definitiv nicht zum natürlichen Delfinrepertoire.

Wir wissen noch nicht, wie sie sich so schnell austauschen und einigen konnten, vielleicht werden wir es nie wissen – vielleicht übersteigt ihre Fähigkeit das Denkvermögen unseres Gehirns. Immerhin ist ihr Neokortex, die Hirnstruktur, die komplizierte Denkvorgänge steuert, viel stärker gefaltet (und hat daher eine größere Oberfläche) als der menschliche. Jahrhundertelang haben wir vergebens zu beweisen versucht, dass Telepathie möglich ist, möglicherweise hatten wir die falsche Spezies im Visier.

GRAUPAPAGEI *PSITTACUS ERITHACUS*

Mehr als nur Worte

Sprechende Papageien erfreuen sich in der Realität und in der Fiktion seit Langem großer Beliebtheit. Doch im Grunde ging man immer davon aus, dass sie schlicht und einfach alles nachplappern, was man ihnen vorsagt, ohne es zu verstehen. Aber Papageien sind sehr intelligente Vögel, die mit Problemlösungskompetenz begabt sind, warum also nicht auch mit Sprachkompetenz?

Die amerikanische Wissenschaftlerin Irene Pepperberg interessierte sich dafür, ob und wie Tiere, insbesondere Vögel, Sprachen lernen können. Der Graupapagei Alex, den sie 1976 als Jungvogel gekauft hatte, folgte ihr als Hauptgegenstand ihrer Forschung an mehrere Universitäten und warf bald alle Vorurteile über den Haufen.

Alex erlernte den Klang und die Bedeutung von rund 150 Wörtern. Er beobachtete zwei Trainer, die sich unterhielten. Trainer A agierte als Lehrer, zeigte Trainer B, dem »Schüler«, diverse Objekte und stellte Fragen zu ihnen, zum Beispiel: »Welche Farbe ist das?« Wenn Trainer B korrekt antwortete, wurde er gelobt und erhielt das fragliche Objekt als Belohnung. Alex ließ sich schnell motivieren, dieses Verhalten nachzuahmen. Nach einer Weile konnte er (absichtliche) Fehler von Trainer B erkennen und korrigieren.

Alex lernte, Farben und Mengen auseinanderzuhalten – er verstand etwa, dass vier auf dem Klavier gespielte Töne dieselbe Menge darstellen wie vier physische Objekte. Selbst das Konzept des Vergleichs begriff er (»gleich«, »verschieden«, »größer«, »kleiner« usw.). Er kombinierte Wörter, um neue Dinge zu beschreiben – den ersten Apfel nannte er »Banerry«, Irene Pepperberg interpretierte das als »Obst von der Größe einer Banane und der Farbe einer Kirsche« (englisch *cherry*). Alex lernte auch, seine Wünsche auszudrücken, er sagte zum Beispiel »Will weg« und signalisierte dann mit »Will zurück«, dass er wieder in seinen Käfig wollte.

Als Alex mit nur 31 Jahren unerwartet starb, hatte er sein kognitives Potenzial längst nicht ausgereizt. Sein Nachfolger im Geiste, der Graupapagei N'kisi, der der amerikanischen Künstlerin und Forscherin Aimee Morgana gehört, beherrscht fast 1000 Wörter, die er kreativ kombiniert – ein Aromaöl bezeichnete er als »hübsch riecht Medizin«.

Graupapageien gelten als Plappermäuler, doch im Fall von Alex war klar, dass er auch ein Zuhörer und ein Denker war.

4

BONDING

Zusammenhalt ist alles

So sehr wir auch auf unsere Unabhängigkeit und Eigenständigkeit pochen, glauben doch die meisten, dass starke Bindungen an Familie und Freunde unser Leben einfacher und glücklicher machen. Auch Tiere gehen lohnende und langwährende Bindungen mit Artgenossen ein. Bonding, das Knüpfen emotionaler Beziehungen, verlangt jedoch manchmal von uns und unseren Mit-Tieren, unsere unmittelbaren Wünsche und Bedürfnisse hintanzustellen und uns Zeit zu nehmen, die Eigenheiten der anderen zu erkennen.

Bei allen Säugetierspezies ist das Säugen bzw. Stillen ein intimer Vorgang, der von Mutter und Baby eine langfristige Kooperation und Koordination erfordert. Geschwister konkurrieren um Essen und Aufmerksamkeit, aber ihr gemeinsames Spielen hilft ihnen, körperliche und soziale Kompetenzen zu erwerben. Bei Löwen und Geparden etwa entwickelt sich aus dem Spiel der Wurfgeschwister das gemeinsame Jagen und Revierverteidigen der Erwachsenen. Bei gleichgeschlechtlichen Geschwistern kann der Zusammenhalt ein Leben lang währen und ihnen Vorteile verschaffen, die ein Einzelgänger nicht hätte. Ein männlicher Gepard, der mit zwei oder mehr Brüdern aufwächst, wird voraussichtlich länger leben, wohlgenährter sein und mehr Nachkommen zeugen als ein Männchen, das nur Schwestern hatte.

Fast alle Vögel brüten ihre Eier mit der eigenen Körperwärme aus und müssen ihre Küken dann über Wochen oder Monate füttern und beschützen. Bei der Mehrzahl der Spezies teilen sich Mutter und Vater diese Aufgaben. Bei manchen sind auch andere Individuen beteiligt. Südliche Hornraben haben alle zwei Jahre nur ein Küken, doch ein junger adulter Hornrabe kann sein eigenes Küken nur dann erfolgreich aufziehen, wenn er wenigstens sechs Jahre lang Erfahrungen als »Helfer« bei einem älteren Paar gesammelt hat. Insgesamt acht Prozent aller Vogelarten betreiben kooperative Brutpflege. Nicht für jede ist das eine Notwendigkeit, doch in der Regel haben sie mehr Erfolg, wenn sie es tun. Die Bindung hält über das Flüggewerden der Küken hinaus an, und die Gruppenmitglieder helfen einander bei der Futtersuche und der Abwehr von Feinden.

Diverse Säugetiere haben einen ähnlich kooperativen Lebensstil, zum Beispiel einige Mangustenarten wie die sehr beliebten Erdmännchen. Jedes Gruppenmitglied hat seinen Part, sei es bei der Kinderbetreuung, der Nahrungssuche oder der Verteidigung. So manches Erdmännchenweibchen bleibt ewige Tante und wird nie Mutter. Bei manchen Spezies sind die Helfer nicht einmal mit den betreuten Babys verwandt. Bei anderen wirkt eine Gruppe nach außen harmonisch, ist im Inneren aber von Machtkämpfen und Mobbing geprägt. Doch selbst in solchen Verbänden bestehen zumindest zwischen einigen Individuen unzerstörbare Bande.

Das Leben in der Gruppe hat für eine Reihe von Vogel-, Säugetier- und anderen Arten diverse offensichtliche Vorzüge – mehr Augen, um Gefahren und günstige Gelegenheiten auszumachen, größere Chancen, einen Partner zu finden, und natürlich eine geringere Wahrscheinlichkeit, als der Pechvogel zu enden, den ein Beutegreifer erwischt. Lenkt man das Augenmerk auf die Individuen, wird deutlich, dass es um mehr geht als nur Sicherheit in der Masse. Selbst bei Arten, bei denen *Fission-Fusion-Gruppenstrukturen* üblich sind – wenn man sich abhängig von den Umweltbedingungen oder den Aktivitäten mal trennt (Fission) und mal in neuer Konstellation zusammenfindet (Fusion) –, halten kleine Untergruppen wie Pech und Schwefel zusammen. Die Mitglieder dieser Kleingruppen verbringen Zeit miteinander und verhalten sich den anderen gegenüber fürsorglich. Diese Bindungen können viele Jahre halten und erwachsen oft nicht aus so offenkundigen Gründen wie der gemeinsamen Aufzucht der Jungen oder enger Verwandtschaft. Egal wie nüchtern, objektiv und nicht vermenschlichend unser Blick auf diese Beziehungen auch ist: Es wird uns schwerfallen, sie nicht als Freundschaften zu bezeichnen.

WANDERAMEISE *ECITON BURCHELLII*

Ein effektives Kollektiv

Falls Sie im mittelamerikanischen Regenwald unterwegs sind, sollten Sie darauf achten, gewissen Kriegsheeren nicht in die Quere zu kommen. *Eciton burchellii* ist die wahrscheinlich bekannteste aller Wanderameisen (auch: Heeresameisen) und die Geißel aller übrigen Insekten, die das Habitat mit ihr teilen. Auf einem Jagdzug laufen Abertausende Arbeiterinnen nicht »im Gänsemarsch« in einer Kolonne wie die meisten anderen Wanderameisenarten, sondern fächern sich bis zu 20 Meter weit über den Waldboden auf. Stößt ein Individuum auf ein Beuteinsekt, strömen sofort andere herbei, um es zu töten. Ihre komplex strukturierte Gesellschaft mit vier Arbeiterinnentypen macht sie zu Räubern von erschreckender Effizienz.

Die Königin paart sich mit mehreren Männchen, und es sind die Gene des Vaters (zusammen mit Umweltfaktoren wie Futterangebot), die bestimmen, welcher Kaste eine Ameise angehören wird. Die vier Typen, die sich in Größe und Grausamkeit unterscheiden, sind Minor- und Major-Arbeiterinnen – die Generalisten im Volk –, Soldatinnen sowie Trägerinnen, die Larven, Puppen und Beute (ganz oder in Teilen) transportieren. Zu den Aufgaben der Minor- und Major-Arbeiterinnen gehört es, ein Nachtlager (*Biwak*) für das gesamte Heer zu finden, das nur stationär lebt, wenn die Larven sich zu verpuppen beginnen. Die temporären Nester erbauen sie aus ihren eigenen Körpern, indem sie sich zu lebendigen netzähnlichen Gebilden aneinanderklammern. Im Inneren verbringt die Königin mit den Larven geschützt die Nacht. Bei Tagesanbruch lösen die Ameisen das Biwak auf und gehen auf den nächsten Raubzug.

Gerade weil sie so herausragende Jägerinnen sind, müssen diese Ameisen mobil bleiben – sie können in einem Gebiet in kürzester Zeit sämtliche anderen Insekten (die sich nicht fliegend retten können) zur Strecke bringen. Ihr Tross zieht Schlachtenbummler an, fliegende Raubinsekten, Ameisenvögel, die sich aufgescheuchte Beute schnappen, und Schmetterlinge, die vom Kot der Vögel fressen. Die Wanderameisen, die unter strenger genetischer und chemischer Kontrolle leben, mögen keine individuelle Freiheit besitzen, doch als Mitglieder einer höchst effizienten Gesellschaft genießen sie Sicherheit und reichliche Kost.

Ameisen der Gattung *Eciton* leben in hoch entwickelten Gesellschaften und sind in der Lage, aus ihren Körpern Nester und Brücken zu bauen.

Im Rennen um den Titel der erfolgreichsten Jäger schlagen Afrikanische Wildhunde die Konkurrenz um Längen.

AFRIKANISCHER WILDHUND *LYCAON PICTUS*

Gesellige Meisterräuber

In den Savannen des südlichen und östlichen Afrikas haben diverse Spezies, von den putzigen Erdmännchen über Geparden, Tüpfelhyänen und Löffelhunde bis zu den majestätischen Löwen, erkannt, dass man im Leben und auf der Jagd als Team besser dran ist. Wölfe, die Antwort der Hundewelt auf die Löwen, kommen südlich der Sahara nicht vor, und auch die Echten Hunde (*Canini*) sind in diesem Teil der Welt eher unterrepräsentiert. Dafür stellt der Tribus aber den vielleicht erfolgreichsten geselligen Räuber des Kontinents.

Afrikanische Wildhunde (auch: Hyänenhunde) sind auffallende Erscheinungen. Ihre elegante Gestalt samt Micky-Maus-Ohren, fluffiger weißer Schwanzspitze und apart gescheckten Fell kann man in vielen Naturfilmen bewundern (in freier Wildbahn leider nur noch sehr selten). Wenn die Kamera vom Familienleben zur Jagd schwenkt, sollten Empfindsame allerdings lieber wegsehen. Der Wildhund kann seine Beute nicht wie der Löwe durch einen einzigen Biss in die Kehle töten, daher zerreißt ein Jagdrudel aus rund zehn adulten Tieren (manchmal auch mehr) sein Opfer meist bei lebendigem Leib. Wir sollten dieses Verhalten nicht als Grausamkeit deuten, es ist ein natürliches Ergebnis der Evolution – für die Hunde ist das Beutetier bloße Nahrung.

Ein Afrikanischer Wildhund wirkt zwar groß, hat aber einen leichteren Körperbau als ein Wolf und wiegt nur 20 bis 25 Kilogramm, während ein durchschnittlicher Wolf auf 40 Kilogramm kommt. Trotzdem sind diese Leichtgewichte in der Lage, Zebras zu erlegen, die über 200 Kilogramm schwer sind. Sie bevorzugen allerdings kleine bis mittelgroße Antilopen als Beutetiere, wie Thomson-Gazellen, Kudus und Impalas. Selbst Hasen, Nagetiere, Eidechsen oder Vögel, zum Beispiel Perlhühner, stehen auf ihrer Speisekarte, doch im Gegensatz zu anderen großen Fleischfressern verschmähen sie Aas.

Wie alle Echten Hunde verfügen sie über große Ausdauer und können ihre Beute über drei bis fünf Kilometer hetzen. Ein geübtes Jagdrudel erzielt eine Erfolgsquote von rund 80 Prozent und ist damit weitaus effizienter als andere Savannenbeutegreifer wie Löwen (circa 30 Prozent) oder Geparden (circa 26 Prozent). Geht ein Wildhund allein auf die Jagd, sinkt die Quote auf nur 15 Prozent. Da wundert es nicht, dass man selten Einzelgänger antrifft, während manche Löwen und die meisten Geparden über längere Zeit allein leben und jagen.

Die Energetik ihrer Jagd ist beeindruckend. Ermüdet ein Wildhund an der Spitze des Jagdrudels, lässt er sich zurückfallen, und ein frischeres Tier rückt auf. Sie stürzen auch nicht Hals über Kopf los, sondern verfolgen ihre potenzielle Beute nur kurz, manchmal nur wenige Sekunden lang, um deren Fitness auszutesten und zu prüfen, ob der Aufwand lohnt. Ganz anders der Gepard – er verausgabt sich beim rasenden Sprint und bleibt bei 74 Prozent seiner Jagdversuche erfolglos. Außerdem ist das Verletzungsrisiko bei diesem Tempo viel größer. (Als Afrikanische Wildhunde noch zahlreich und weiter verbreitet waren als heute, lebten viele Populationen in baumbestandenen Gebieten, in denen die Sprinttechnik mehr Erfolg versprach als die raumgreifende Hetzjagd und kaum andere Räuber wie Löwen und Hyänen ihnen die erlegte Beute streitig machten.) Gelingt es dem Geparden, seine Beute zu töten, bekommt er etwa das 22-Fache der Energie, die er in die Jagd gesteckt hat, zurück, ein im Rudel jagender Wildhund bekommt hingegen die 70-fache Energie zurück. Selbst wenn es wenig Beutetiere gibt und das Risiko, die erlegte Beute an marodierende Tüpfelhyänen zu verlieren, groß ist, bringen die Jäger ausreichend Fleisch zurück – sechs Tiere können bis zu 16 Rudelmitglieder ernähren.

Geselligkeit als Schlüssel zum Erfolg?

Afrikanische Wildhunde leben in einer ungewöhnlich egalitären Gesellschaft. Jedes Rudel hat zwar ein Alpha-Paar, das sich ein Leben lang treu bleibt und als einziges Nachwuchs bekommt, doch an der Aufzucht der Jungen beteiligen sich alle Rudelmitglieder. Sie bewachen die Welpen, spielen mit ihnen und füttern sie mit hochgewürgtem Fleisch. Alpha-Rüde und -Hündin sind meist nicht miteinander verwandt, doch das Rudel setzt sich aus ihren Geschwistern, Cousins, Cousinen und ihrem erwachsenen Nachwuchs zusammen.

Wie eng ihr Zusammenhalt ist, zeigt sich in ihrem Verhalten untereinander. Sie haben komplexe Begrüßungsrituale, und wenn sie auf Wanderschaft oder auf der Jagd sind, halten sie mit einem großen Lautrepertoire Kontakt. Dazu gehört ein Nieslaut, den sie mit einem kräftigen Ausatmen durch die Nase erzeugen. Das erste Niesen kann, muss aber nicht, von einem Alpha-Tier ausgestoßen werden, es initiiert eine Abstimmung, ob man zur Jagd aufbrechen oder den Rastplatz wechseln sollte. Antworten genügend andere Rudelmitglieder mit einem Nieser, machen sich alle Betroffenen zum Aufbruch bereit.

Ihre komplexe Kooperation zeigt sich auch bei der Jagd. Hat es das Rudel auf ein einzelnes, aber kräftiges Tier abgesehen, wie etwa einen mit langen, spiralförmigen Hörnern bewehrten Kudu-Bullen, greifen die Jäger gleichzeitig aus mehreren Richtungen an. Wenn sie ein Individuum von einer Herde separieren wollen, konzentriert sich die Mehrzahl der Jäger darauf, die Herde zu vertreiben, während ein oder zwei Hunde die anvisierte Beute verfolgen. In hohem Gras verteilen sie sich und erhöhen so die Wahrscheinlichkeit, dass einer von ihnen das verfolgte Tier entdeckt. Sie können ihre Taktik jederzeit ändern und trennen sich in zwei Gruppen, wenn sich die Gelegenheit ergibt, bei einer Hatz gleich zwei Beutetiere zu töten. Die erlegte Beute verteidigen sie dann gleichfalls gemeinsam gegen Aasfresser, wenn auch nicht immer mit Erfolg.

Das Ausmaß ihrer sozialen Intelligenz zeigt sich in jeder Interaktion. Die Beziehungen innerhalb des Rudels scheinen fester und enger zu sein als bei anderen Wildhunden wie etwa Wölfen. Da liegt es auf der Hand, sie mit ihrem kätzischen Gegenpart, den Löwen zu vergleichen, denn beide Spezies sind Savannenbewohner und haben offenbar gruppendynamische Antworten auf die speziellen Jagdgegebenheiten in diesem Lebensraum gefunden. Manche Biologen argumentieren jedoch, Löwen lebten nicht wegen der besseren Jagdchancen gesellig – Solojäger sind fast so erfolgreich wie Teams –, sondern weil sie in dem offenen Gelände ihre Reviere im Rudel besser gegen fremde Löwen verteidigen können.

Wildhunde hingegen sind nach jüngstem Forschungsstand keine Savannenspezialisten, sondern an baumreichere Habitate angepasst, in denen ihr vielseitiges und kooperatives Jagdtalent sich besonders auszahlt. Für sie ist hoch entwickelte Geselligkeit tatsächlich der Schlüssel zum Jagderfolg – wie überhaupt zum Lebenserfolg. Traurigerweise wurde diese Spezies lange stark bejagt und ist heute nur noch in gut geschützten Nationalparks anzutreffen. Brächte man ihnen mehr Toleranz entgegen, könnten sie wieder in Habitaten leben, in denen sie weder unter Löwen und Hyänen noch unter dem Menschen litten.

FLÖTENVOGEL *GYMNORHINA TIBICEN*

Rettungseinsatz

Wer nicht in Australien geboren wurde, weiß vermutlich nicht, welch besondere Reputation dieser schlaue Vogel hat. Der australische Flötenvogel sieht unseren Elstern etwas ähnlich, gehört aber nicht zu den Rabenvögeln. Er ist laut, neugierig, manchmal destruktiv, häufig aber bezaubernd. In der Brutsaison sollte man seinem Nest allerdings nicht zu nahe kommen, denn er verteidigt es mit Sturzflügen, spitzem Schnabel und scharfen Krallen.

Flötenvögel sind regelmäßige Gartenbesucher und unterhalten die Besitzer mit der erfindungsreichen Umnutzung von Wäscheleinen und Gartendekos. Wenn sie miteinander spielen, wirkt das Herumrollen, Zwicken und Kneifen ziemlich ruppig, doch in den grünen Vororten von Queensland haben Forscher beobachtet, dass die Vögel sich gegenseitig helfen, wenn es drauf ankommt.

Die Forscher interessierten sich eigentlich für die täglichen Bewegungsprofile der Flötenvögel und hängten deshalb fünf Individuen GPS-Tracker um. Die nur 1 Gramm schweren Tracker steckten in einer Art Rucksack, der bequem auf dem Rücken der Vögel anlag und seine Batterien mit Sonnlicht auflud. Ein komplizierter Öffnungsmechanismus sollte verhindern, dass sich die Vögel der möglicherweise lästigen Dinger auf ihrem Rücken vorzeitig entledigten. Irgendwann, so die Theorie, lösten sich die Gurte von allein auf, der Tracker fiele ab und könnte aufgespürt und wiederverwendet werden.

In der Praxis wurde keiner der gefiederten Probanden getrackt, denn sie nahmen sich die Geräte gegenseitig ab, und die unbeschwerten Gruppenmitglieder halfen ebenfalls dabei. Weil sie an ihre eigenen Rücksäcke nicht herankamen, befreiten sie die anderen unter Einsatz von Schnäbeln und Krallen. Die Forscher hatten, wie es in der Wissenschaft manchmal vorkommt, etwas ganz anderes – und viel Interessanteres – entdeckt, als sie ursprünglich im Sinn hatten.

Vielleicht ließen sich die Vögel von Neugier und Spieltrieb leiten und nicht von Altruismus. Doch es wurde schon einmal ein sehr überzeugendes »Rettungsverhalten« unter Vögeln beobachtet. Wenn Seychellenrohrsänger Nahrung suchen, bleiben manchmal klebrige, für sie ungenießbare Pisonien-Samen an ihrem Gefieder haften, was ihre Flugfähigkeit beeinträchtigt. Doch sie picken sich die Samen gegenseitig ab, obwohl sie dabei ein Risiko eingehen.

So heftig Flötenvögel Menschen attackieren, die ihrem Nest zu nahe kommen, so loyal verhalten sie sich ihrer Gruppe gegenüber.

Geschwister machen stark

Man nennt den Löwen oft »König des Dschungels«, doch der treffendere Titel wäre »Königin der Savanne«. Diese Tiere bevorzugen offenes Gelände, und wenn wir an sie denken, sehen wir weite Graslandschaften mit wenigen Bäumen und zahlreichen Antilopen, Kaffernbüffeln und Zebras vor uns. Und es sind die Weibchen, die den Löwenanteil an der Jagd haben. Die mächtigen Männchen meiden die Strapazen, beanspruchen aber gerne die Filetstücke der erlegten Beute für sich (und mögen so unser Urteil über Könige aus finsteren vergangenen Zeiten bestätigen).

Löwen kommen in Afrika südlich der Sahara und in einem Nationalpark in Indien vor. Sie sind eine von knapp 40 Arten aus der Familie der Katzen (*Felidae*) und gehören zu den fünf Eigentlichen Großkatzen (Gattung *Panthera*). Anders als die übrigen Großkatzen (Tiger, Jaguar, Leopard und Schneeleopard) ist der Löwe ein ausgesprochen soziales Wesen. Zudem unterscheiden sich die Geschlechter deutlich in ihrem Erscheinungsbild *(Sexualdimorphismus)*. Die Männchen sind größer (sie wiegen durchschnittlich 200 Kilo, die Weibchen 150) und haben mehr oder weniger dichte Mähnen, die Kopf und Hals bei Kämpfen mit Rivalen schützen. Bei einer Spezies, die in Gruppen lebt, deutet ein ausgeprägter Sexualdimorphismus auf sehr unterschiedliche Rollen und Lebensgeschichten für Männchen und Weibchen hin, und beim Löwen gehen diese Unterschiede tief unter die Haut.

Ein Löwenrudel kann 30 oder mehr Individuen umfassen, doch für gewöhnlich sind es nur 13. Etwa die Hälfte sind erwachsene Weibchen und die meisten übrigen ihre Jungen. Solange das Beuteangebot groß ist, bleiben Weibchen ein Leben lang beim Rudel der Mutter. Nur in Hungerzeiten werden junge Weibchen ausgestoßen, denn für das Rudel ist es vorteilhafter, auf die reifen, erfahrenen Jägerinnen zu setzen. Junge Männchen hingegen werden gezwungen, ihr Geburtsrudel zu verlassen. Ihre Sterblichkeitsrate ist hoch, denn sie müssen allein jagen und um einen Platz in einem anderen Rudel kämpfen. Zu einem Rudel können ein oder mehrere erwachsene Männchen gehören, doch sie werden ständig von Rivalen herausgefordert und oft schon nach zwei oder drei Jahren verbannt.

Werden in einem Wurf zwei Männchen geboren, bringt das den Brüdern große Vorteile im Leben. Sie verlassen ihr Geburtsrudel gemeinsam und bleiben zusammen. So haben sie größere Chancen beim Jagen als Einzelgänger und es fällt ihnen

Die cleverste Katze: Es gibt deutliche Anhaltspunkte dafür, dass Löwinnen anderen Katzen, ihre männlichen Artgenossen eingerechnet, im Denken überlegen sind.

Egal, was Disney Ihnen erzählt hat – zwischen Löwenbrüdern besteht für gewöhnlich ihr Leben lang ein starkes, überlebenssicherndes Band.

leichter, ein Rudel zu erobern und dessen »Herrscher« zu vertreiben. Gelingt ihnen dies, tragen alle Jungen, die die Löwinnen nach der Übernahme zur Welt bringen, als Söhne, Töchter, Nichten oder Neffen ihre Gene weiter. Eine *Koalition* aus drei oder vier Brüdern ist meist noch erfolgreicher. Auch allein umherziehende Junglöwen finden sich zu Koalitionen zusammen, doch weil sie nicht miteinander verwandt sind, ist der Zusammenhalt schwächer. Irgendwann wird jedes Männchen, weil es zu alt ist oder zu starken Rivalen gegenübersteht, aus seinem Rudel vertrieben – wenn es beim Kampf nicht getötet wird – und verbringt den Rest seines Lebens dann als tragischer, geschwächter Einzelgänger, der Mühe hat, sich zu ernähren. In freier Wildbahn werden Löwenmännchen selten älter als acht bis zehn Jahre.

Eine Löwin dagegen kann mit sechs bis acht Lebensjahren mehr rechnen und bleibt in der Regel bis zu ihrem Tod ein Mitglied ihres angestammten Rudels (und wird durchgefüttert, wenn sie nicht mehr jagen kann). Auch weibliche Junge profitieren von gleichaltrigen Schwestern oder Cousinen, und der lebenslange Schwesternbund hält die gesamte Familie zusammen. Einzelne Weibchen werden vielleicht als Jagdverstärkung in ein neues Rudel aufgenommen, doch ihre Bindung an die Gruppe ist meist schwächer, und sobald es nicht mehr genug zu fressen für alle gibt, werden sie vertrieben.

Die meisten Weibchen eines Rudels sind miteinander verwandt und für sie bedeutet das Zusammenleben, alles miteinander zu teilen. Es ist bekannt, dass adulte Weibchen mit fast erwachsenen Jungtieren als kooperative Teams, die ihre Positionen und ihr Timing koordinieren, auf die Jagd gehen, um große Beutetiere erlegen zu können. Weniger bekannt ist, dass alle Weibchen eines Rudels sich gemeinsam um den gesamten Nachwuchs kümmern. Bekommt eine Schwester sechs Junge, eine andere nur eines, produzieren beide die gleiche Milchmenge und säugen zu zweit unterschiedslos alle sieben Jungen.

Die Schwesternschaft verteidigt auch sämtliche Jungen gemeinsam. Männliche Löwen, die ein Rudel übernehmen und ihre Vorgänger vertreiben, versuchen, alle kleinen Jungtiere zu töten. Denn dann kommen die Löwinnen wieder in den Östrus, und der neue Herrscher kann eigenen Nachwuchs zeugen. Doch die Löwinnen nehmen diesen Kindermord nicht kampflos hin. Die Männchen sind größer und kräftiger als die Weibchen und ihnen bei einer Eins-zu-eins-Situation weit überlegen, doch je mehr Weibchen im Rudel leben, je enger ihre Beziehungen sind und je entschlossener sie kämpfen, desto größer sind ihre Chancen, wenigstens einige ihrer Jungen retten zu können.

Im Kopf der Löwin

Der präfrontale Cortex eines Säugetier-Gehirns steuert unter anderem Arbeitsgedächtnis, Aufmerksamkeit, Nachdenken, Entscheidungen, Planung und soziale Interaktionen. Soweit es das Gesamtvolumen des Gehirns betrifft, unterscheiden die fünf Großkatzenarten sich kaum, wohl aber beim Ausmaß des präfrontalen Cortex – in dieser Kategorie liegen Löwinnen weit vorn. Ihr Körper ist zwar kleiner als der ihrer männlichen Artgenossen, doch der denkende Teil ihres Gehirns ist erheblich größer.

Warum braucht eine Löwin diese Extra-Gehirnleistung? Wie bereits erwähnt, gehen die beiden Geschlechter sehr unterschiedliche Lebenswege. Für ein Männchen ist die Zugehörigkeit zu einem Rudel höchst erstrebenswert, denn sonst müsste es allein oder mit nur ein, zwei anderen Männchen jagen, mit allen verbundenen Risiken, und könnte keinen Nachwuchs zeugen. Für einen Löwen lohnt es also allemal, sich die Vorteile, die ein Rudel bietet, zu erkämpfen.

Dagegen können die Weibchen eines Rudels dank ihrer sozialen Bindungen eine gewinnbringende Einheit bilden, die weitaus mehr ist als die Summe ihrer Teile. In manchen afrikanischen Regionen jagen große Rudel regelmäßig Afrikanische Elefanten – die größten Landsäugetiere, die selbst ausgesprochen intelligent sind. Die gemeinsame Aufzucht der Jungen durch alle Löwinnen ist nicht minder eindrucksvoll. Der Schwesternbund *ist* das Rudel, Männchen werden nur als Spermalieferanten und als Vertreiber fremder Männchen, die die Jungen bedrohen, benötigt. Die ausgezeichnete Kooperation, die dieser Lebensstil verlangt, hat die Entwicklung eines außergewöhnlichen Gehirns – eines extrem sozialen Gehirns – bedingt. Das Zusammenleben der Löwinnen verläuft erstaunlich reibungsfrei. Im Gegensatz zu so manch anderer geselligen Spezies kennen sie keine Rangordnung. Sollten Sie je das Glück haben, Löwen in freier Wildbahn zu beobachten, werden Sie erleben, dass Löwinnen einander als Gleichberechtigte behandeln und auch kein Junges den anderen vorziehen. Kehrt eine Löwin nach einer Abwesenheit zur Gruppe zurück, begrüßt sie ihre Schwestern mit kollegialem Selbstvertrauen. Löwinnen, die im Revier eines Rudels geduldet werden und an der Jagd teilnehmen dürfen, wenn das Nahrungsangebot reichlich ist, gehören nicht wirklich dazu, doch wenn es ihnen gelingt, in der Gruppe Nachwuchs auszutragen und im Wurf Weibchen sind, werden diese als »Vollmitglieder« ins Rudel aufgenommen.

GEIERPERLHUHN *ACRYLLIUM VULTURINUM*

Gleichheit und Stabilität

Die meisten Touristen wollen in den ostafrikanischen Savannen die eindrucksvollen großen Säugetiere sehen. Doch so mancher hat sich schon von einem Vogel ablenken lassen, und das Geierperlhuhn ist eindeutig einen zweiten Blick wert. Es ist rundlich und setzt auf verwegene Muster: Die schwarzen Körperfedern sind von kleinen, weißen Punkten gesprenkelt, über der kobaltblauen Brust trägt es ein üppiges Collier aus langen, schwarz-weiß-gestreiften Federn. Den »Geier« im Namen verdankt es seinem kahlen Kopf, dessen Blaugrau ein flaumiger roter Kragen im Nacken aufpeppt. Begegnet man einer Schar dieser Vögel, rennen sie los und fliegen erst in allerhöchster Not auf. Kurz gesagt lässt weder ihr Verhalten noch ihr Aussehen (irgendwo zwischen Extravaganz und unfreiwilliger Komik) einen klugen Kopf vermuten.

Doch wirft man den erwähnten zweiten Blick auf sie, wird man feststellen, dass alle Individuen einer Gruppe sich bestens kennen und sich nicht einfach zufällig zusammenfinden. Wenn sie sich abends zum Schlafen begeben, was sie, ihre Aversion gegen das Fliegen überwindend, auf den sicheren Ästen eines der großen über die Savanne verteilten Bäume tun, versammeln sich bis zu acht Gruppen (oft Hunderte von Vögeln) auf einem Baum. Wird es bei Tagesanbruch Zeit, den Schlafbaum zu verlassen und zu Fuß auf Nahrungssuche zu gehen, teilen sie sich wieder in Scharen von etwa 25 bis 35 Vögeln auf (manchmal sind es auch nur 13, manchmal 65) – und es sind immer dieselben Individuen, die eine Gruppe bilden, Woche für Woche, Monat für Monat. Wenn es sein muss, legen sie gemeinsam weite Strecken per pedes zurück, doch sie haben keine Reviere und kehren auch nicht immer an dieselben Brutplätze zurück (selbstverständlich brüten sie auch gemeinsam in ihrer angestammten Gruppe).

In der Vogelwelt ist das langfristige Zusammenleben in ein und derselben Gruppe ungewöhnlich. Viele Vögel bilden Schwärme (manchmal zusammen mit anderen Spezies), weil es für sie vorteilhaft ist, doch diese Großgruppen sind instabil, sie gehen auseinander und finden sich in anderer Konstellation wieder zusammen. Wie stark dieser Fission-Fusion-Aspekt ausgeprägt ist, variiert von Spezies zu Spezies – was darauf hindeutet, dass es von den Umständen abhängt, ob die feste Zugehörigkeit zu einer Gruppe Vor- oder Nachteile bringt.

Die Geierperlhühner in einer stabilen Gruppe sind nicht zwangsläufig miteinander verwandt und das zahlenmäßige Verhältnis der Geschlechter ist in etwa aus-

Das Gehirn eines Geierperlhuhns ist klein und kann sich doch an eine große Zahl von engen Freunden und lockeren Bekannten erinnern.

geglichen. Auf ihren täglichen Wanderungen begegnen sie von Zeit zu Zeit anderen Gruppen. In der Regel verläuft das aggressionsfrei. Die Scharen bleiben vielleicht eine Weile zusammen, doch dann teilen sie sich wieder in die etablierten Gruppen auf.

Die Gruppenmitgliedschaft ist offenbar nicht dem Zufall überlassen, und Wissenschaftler des Max-Planck-Instituts für Verhaltensbiologie in Konstanz, der Universität Konstanz und des Mpala Research Centre in Kenia haben festgestellt, dass auch die Treffen verschiedener Gruppen nicht zufällig sind. Das Team führte die erste Studie überhaupt zu dieser Vogelart durch und beobachtete ein Jahr lang eine Population von über 400 wilden Geierperlhühnern, die sie alle einzeln markiert hatten, um Daten zur Stabilität der Einzelgruppen sammeln zu können. Einem bis fünf Mitgliedern jeder Gruppe wurden außerdem GPS-Tracker angelegt, um herauszufinden, wie die Gruppen sich bewegten, wie oft es zu Zusammentreffen kam und wie viel gemeinsame Zeit die Vögel dann verbrachten.

Sie kamen zu dem Ergebnis, dass dieselben Gruppen sich immer wieder trafen und längere Zeit miteinander verbrachten, als es bei zufälligen Begegnungen zu erwarten wäre. Es scheint also, dass Geierperlhühner sich als unzertrennliche »Freunde« zusammentun und dass ihre gesamte Gruppe herzliche Bekanntschaften mit anderen Gruppen pflegt. Das Fehlen jeglicher Feindseligkeit zwischen den Gruppen ist genauso bemerkenswert wie die Loyalität innerhalb einer Gruppe, und dass beide Verhaltensweisen gleichzeitig zu beobachten sind, ist höchst ungewöhnlich. Die meisten sozialen Tiere mit lang anhaltenden, innigen Bindungen untereinander verhalten sich anderen Gruppen gegenüber aggressiv, doch die meisten Tiere, die so leben, tun dies, weil sie ihr Revier nur in großer Zahl verteidigen können. Geierperlhühner aber sind keine territorialen Wesen, sie sind nicht auf ganz bestimmte Nahrungsgründe angewiesen – nur aufeinander. Das Gros der Tiere mit ähnlich nomadischen Neigungen scheint sich dagegen weder an Orte noch an Mitwanderer gebunden zu fühlen.

Optimale Anzahl

Bei geselligen Tieren sind dauerhafte Freundschaften grundsätzlich nichts Ungewöhnliches. Sieht man sich andere Vögel, die in Schwärmen Nahrung suchen und wandern, an, scheinen sich oberflächlich betrachtet innerhalb eines Schwarms ständig neue Fraktionen zu bilden. Nehmen wir den Seidenschwanz, der in den kaltgemäßigten skandinavischen und russischen Taigas brütet, im Winter aber oft weit nach Süden ziehen muss, um die Beerensträucher zu finden, von denen er sich ernährt. In manchen Jahren fallen riesige Schwärme invasionsartig in Großbritannien oder Deutschland ein. Sie lassen sich in einem Gebiet nieder, fressen die Sträucher kahl und ziehen dann weiter. Im Laufe des Winters teilt sich der

Schwarm in fluktuierende, immer kleiner werdende Gruppen, die weiter und weiter fliegen müssen, um überhaupt noch Beeren zu finden. Bei all dieser Fluktuation übersieht man leicht, dass kleine Gruppen (weniger als zehn Vögel) oft den gesamten Winter über zusammenbleiben und sich zwischen größeren Gruppen bewegen. Herausgefunden hat man das erst, als Forscher Vögel mit jeweils einzigartig gefärbten Ringen markiert haben, die es ermöglichten, Individuen auch aus der Ferne zu erkennen. Dass viele Winterzieher ein ähnliches Verhalten zeigen, beweist, wie vorteilhaft es ist, mit Vertrauten unterwegs zu sein.

Für Geierperlhühner scheint es eine gute Taktik zu sein, in einer stabilen Gruppe zu wandern und zu brüten, während die meisten Vögel, die außerhalb der Brutzeit Schwärme bilden, sich, sobald die Nistsaison beginnt, in revierbewussten Paaren von den anderen absondern. Doch selbst für das loyale, vernünftige Geierperlhuhn ist das Gruppenleben nicht immer einfach. Eine Henne brütet bis zu acht Eier in einem Gelege aus, und ihre Küken wachsen schnell heran. Wenn also mehrere Hennen brüten, kann ihre Gruppe in kurzer Zeit auf die doppelte Mitgliederzahl anschwellen. Andererseits haben die Vögel viele Fressfeinde, und so kann sich die Zahl nach einer Unglücksserie dramatisch verringern. Hat die Gruppe eine optimale Größe (etwa 35 Vögel), ist der Bruterfolg am höchsten und die meisten Küken erreichen das Erwachsenenalter. Ist eine Gruppe deutlich größer, werden einige, meist die jüngsten Vögel, sie verlassen und sich einer kleineren Gruppe anschließen, die sich auf diese Weise ihrer optimalen Größe annähert. Dieses Verhalten könnte erklären, warum die Geierperlhühner in *mehrschichtigen Gesellschaften* leben (in Gruppen mit engem Zusammenhalt, die sich freudig mit anderen treffen). Ihr Gehirn ist (so klein es auch sein mag) sowohl in der Lage, die Mitglieder ihrer eigenen Clique zu erkennen, als auch Dutzende oder sogar Hunderte anderer Individuen, die zu Gruppen gehören, denen sie nur ab und an begegnen. Das erleichtert es ihnen, in eine andere Clique zu wechseln, falls die Umstände es erfordern.

JAGUAR *PANTHERA ONCA*

Kumpel gesucht

Man braucht Glück, wenn man einen Jaguar zu Gesicht bekommen will. Er ist ein enger Verwandter des Löwen, ihr gemeinsamer Ahnherr lebte in der Alten Welt, die der Jaguar vor etwa 800 000 Jahren über eine Landbrücke in Richtung Amerika verließ. Ihre Lebensweisen könnten aber kaum unterschiedlicher sein. Löwen jagen und leben in Rudeln in der offenen Savanne, während Jaguare ganz allein durch dichte Wälder pirschen und ihr Revier energisch gegen Artgenossen verteidigen. Im brasilianischen Pantanal entwickeln sie jedoch einen etwas anderen Lebensstil.

Das Pantanal ist ein Feuchtgebiet mit dichter Vegetation, das in der Regenzeit noch feuchter wird. Forscher, die das Biosphärenreservat meist per Boot erkunden, haben festgestellt, dass dort eine ungewöhnlich dichte Population von Jaguaren zu Hause ist. Da sie mit so vielen Artgenossen auf relativ engem Raum leben, sind die Raubkatzen geselliger geworden. Ihr aggressives Revierverhalten lassen sie beiseite, sie tolerieren einander nicht nur, sondern jagen und fressen auch gemeinsam. Selbst beim Spielen hat man sie beobachtet.

Noch bemerkenswerter ist das Phänomen der intensiven »Männerfreundschaften«. Forscher haben mehrere Männerpaare observiert, und eines dieser Paare teilte sich wenigstens fünf Jahre lang ein Revier. Beide Männchen hatten während dieser Zeit Liaisons mit verschiedenen Weibchen, doch diese Beziehungen schienen sie nicht zu Rivalen gemacht zu haben. Die Forscher vermuten, die Koalitionen seien aus Jagdkooperationen entstanden. Die Pantanal-Jaguare fressen viel Fisch, doch insbesondere die Männchen töten auch Schwarze Kaimane (die zur Familie der Krokodile gehören). Ein bis zu 6 Meter langer Kaiman ist ein starker und gefährlicher Gegner, verheißt aber eine üppige Mahlzeit. Es ist möglich (jedoch noch nicht verifiziert), dass Männchen sich zusammentun, weil es ihnen zu zweit leichter fällt, Kaimane zu erlegen und Rivalen von »ihren« Weibchen fernzuhalten. Das Pantanal könnte die Wiege einer neuen Ära der Jaguar-Geschichte sein, in der die einzelgängerischste aller Katzen die Freuden der Freundschaft für sich entdeckt.

Die Jaguare im brasilianischen Patanal lernen gerade, dass sich aufregende neue Jagd- und Lebensweisen auftun, wenn sie ein wenig freundlicher zu ihren Artgenossen sind.

AFRIKANISCHER SAVANNENELEFANT *LOXODONTA AFRICANA*

Lebenslange Liebe

1999 starb eine allseits beliebte ältere Elefantendame im Zoo der indischen Stadt Lucknow. Damini war mit ihren 72 Jahren eine Greisin, doch die Umstände ihres Todes waren tragisch. Vier Wochen zuvor war ihre Gefährtin, eine wesentlich jüngere Elefantenkuh namens Champakali, nach einer Totgeburt gestorben. Damini wachte über der Leiche ihrer Freundin und streichelte sie mit dem Rüssel, während Tränen aus ihren Augen rannen. Sie fraß und trank nicht mehr und brach schließlich zusammen. Alle Versuche der Tierärzte, ihr Leben zu retten, schlugen fehl.

In den sozialen Medien werden viele anrührende Beispiele scheinbarer tierischer Trauer bei ganz verschiedenen Spezies verbreitet. Wir empfinden den Verlust eines geliebten Menschen so intensiv, dass wir uns gerade bei diesem Thema zum Anthropomorphisieren verlocken lassen. Ein nüchterner und erfahrener Beobachter wird auf einem Foto zum Beispiel erkennen, dass eine Schwalbe, die über dem leblosen Körper einer anderen, von einem Auto getöteten, flattert, den Revierkampf fortsetzt, der zu dem Unfall geführt hat, und nicht etwa einen Verlust beklagt. Doch wie sollte man Daminis Verhalten sonst beschreiben? Man hat die Reaktionen Asiatischer Elefanten, zu denen Damini und Champakali zählten, auf den Verlust eines Gruppenmitglieds noch nicht eingehend erforscht, das Verhalten Afrikanischer Elefanten ist dagegen bestens dokumentiert.

Wenn eine Afrikanische Elefantin nach 22-monatiger Tragzeit auf die Welt kommt, liegt ein bis zu 75 Jahre währendes Leben vor ihr. Sollte sie das erste Kalb sein, verbringt sie möglicherweise mehr als 60 dieser Jahre in der Gesellschaft ihrer Mutter. Ihre sämtlichen weiblichen Verwandten – Tanten, Cousinen, Großmütter sowie die Matriarchin, die Anführerin der Herde – sind bei ihrer Geburt zugegen. Die Matriarchin ist meist die älteste Kuh, sie schöpft aus ihrem reichen Erfahrungsschatz, um die Herde an die besten Wasser- und Futterstellen zu führen, und sie ruft sie zusammen, wenn ein Neugeborenes und die übrigen Kälber vor Gefahren geschützt werden müssen.

Das neugeborene Kalb wird von allen Kühen der Gruppe gehegt und gepflegt, auch den heranwachsenden Weibchen, die viel Zeit mit dem »Babysitten« des Nachwuchses verbringen und sich so aufs Muttersein vorbereiten. Die Babysitterinnen oder *Allomütter* kümmern sich vor allem um die Kälber erfahrener älterer Kühe, die wiederum den Erstgebärenden zu Hilfe kommen. – Diese Methode ist ein wirklich eindrucksvolles Beispiel für die effiziente Weitergabe von Wissen.

Liebe hat ihren Preis – Afrikanische Savannenelefanten scheinen auf den Tod eines Familienmitglieds mit so viel Schmerz zu reagieren wie wir.

Elefanten bleiben tagelang in der Nähe eines toten Herdenmitglieds und ihre Körpersprache scheint Trauer auszudrücken.

Eine Herde besteht durchschnittlich aus zehn verwandten Tieren, manchmal finden sich auch mehrere Familien eine Zeit lang locker zusammen. Elefanten sind nomadische Tiere, die auf der Suche nach Nahrung und Wasser weite Strecken zurücklegen und bei ihren Wanderungen engen Kontakt halten. Zur Familiengruppe gehören adulte Kühe mit ihren Kälbern sowie Heranwachsende beider Geschlechter, doch die Bullen verlassen die Gruppe mit der Geschlechtsreife und leben dann allein oder (vor allem die jungen) mit anderen Bullen zusammen. Adulte Bullen sind nur ungefähr drei Monate im Jahr, wenn sie nach einem Hormonschub in der Musth sind, an der Paarung mit Kühen (und an Kämpfen mit Rivalen) interessiert. In der übrigen Zeit können Bullen friedlich koexistieren, und gerade ältere versuchen, besänftigend auf die Aggressionen der Jungbullen einzuwirken. Dank ihrer Erfahrung sind sie wie die Matriarchinnen eines weiblichen Familienclans Leitfiguren und fungieren innerhalb ihrer »Männergruppe« ebenfalls als Lehrer, sie zeigen den Jüngeren, wie man Wasser und Futter findet oder Werkzeuge (etwa eine Fliegenklatsche aus einem Zweig) bastelt.

Wird eine Herde zu groß, teilt sie sich bisweilen in zwei oder mehr Gruppen auf. So können die neuen Gruppen sich auf verschiedene Weidegründe verteilen, in denen das Nahrungsangebot für sie länger vorhält. Doch die Familienbande werden nicht vergessen. Selbst wenn die Gruppen viele Kilometer voneinander getrennt sind, wandern sie weiterhin im selben Tempo in dieselbe Richtung, halten mit ihren Infraschallrufen Kontakt und treffen sich immer wieder.

Das Knüpfen von Familienbanden und die Weitergabe von Überlebensfertigkeiten und Umweltwissen scheinen nach unserer Vorstellung ein intuitives Fundament für ein tiefes und komplexes Zusammengehörigkeitsgefühl unter Gruppenmitgliedern zu sein. Wir sagen »Ein Elefant vergisst nie«, und tatsächlich liefern uns gefangene Elefanten, die einander nach über 20-jähriger Trennung wiedererkennen, reichliche Beispiele für diese Annahme. Vielleicht wird sich unser Elefantenkalb Erlebnisse mit diversen Gruppenmitgliedern merken, und vielleicht beeinflussen diese Erinnerungen sein Verhältnis zu den anderen. Geht das einen anthropomorphischen Schritt zu weit? Vielleicht nicht, immerhin haben wir es mit einem hochintelligenten Tier zu tun, das über das größte Gehirn aller Landsäuger verfügt, und wir reden über Beziehungen, die rund um die Uhr, durch dick und dünn über Jahrzehnte währen.

Weinen auf Beerdigungen

Elefanten können weinen. Das heißt, sie produzieren Tränen, die fließen, wenn sie aufgeregt oder gestresst sind, und dieses anscheinende Weinen wurde bei Afrikanischen Elefanten beobachtet, die sich um ein totes Gruppenmitglied versammelten. Es wurde auch berichtet, dass sie bei diesen Gelegenheiten charakteristische

Laute von sich gaben. Elefanten benutzen in unterschiedlichen Situationen eine große Bandbreite von Rufen (darunter auch Infraschall, den wir ohne Hilfsmittel nicht hören können): Eine Matriarchin signalisiert mit einem sanften Knurren, dass es Zeit zum Aufbruch ist. Die Kühe einer Herde feiern mit einem Chor aus Trompeten-, Knurr- und Grunzlauten, wenn sich eine von ihnen mit einem Bullen gepaart hat. Ein trauernder Elefant stößt Laute aus, die wie Schreie klingen.

Auch ihr Verhalten beim Tod eines Gruppenmitglieds ist ungewöhnlich. Der Forscher Marc Bekoff beobachtete eine Herde, die noch eine ganze Weile nach dem Tod der Matriarchin unruhig war, Köpfe und Schwänze hängen ließ und scheinbar ziellos hin- und herwanderte. Viele andere Forscher berichteten von Elefanten, die verstorbene Verwandte bewachten und Aasfresser von ihnen fernhielten. Von Müttern, die ihre toten Kälber mit dem Rüssel aufhoben und mit sich herumtrugen. Elefanten streicheln nicht nur Kadaver mit dem Rüssel, man hat auch beobachtet, wie sie Elefantenknochen streichelten, die möglicherweise längst verstorbenen Angehörigen gehörten. Manchmal schichten sie wie bei einem Begräbnis Gras und Zweige über ihre Toten.

Warum trauern?

Menschen erfreuen sich eines reichen Gefühlslebens, obwohl »erfreuen« manchmal das völlig falsche Wort ist, besonders dann, wenn wir uns nach einem geliebten, verstorbenen Menschen sehnen. Wir fühlen diesen Schmerz, obwohl wir wissen, dass der Tod unvermeidbar ist, und selbst dann, wenn einem friedlichen Tod ein langes und glückliches Leben vorausging. Doch wir fragen uns selten, warum wir diesen Schmerz fühlen. Wenn wir jedoch ein anscheinend trauerndes Tier sehen, stellt sich diese Frage sofort. Tiere sind daran angepasst, effizient in ihrer Umwelt zu funktionieren und bestmöglich auf natürlichen Stress zu reagieren – das garantiert ihr Überleben und ihre Fortpflanzung. Mindert eine lange Trauerzeit nicht ihre Überlebenschancen, weil sie sinnlos Energie verbraucht? Aber das ist ein weites Feld ... Wir wissen nicht (und werden es höchstwahrscheinlich nie wissen), wie es sich anfühlt, ein Elefant zu sein, und ob er Trauer so erlebt wie wir. Möglicherweise ähnelt seine Erfahrung unserer so wenig, dass der Begriff »Trauer« sie nicht erfasst. Wir wissen auch nicht, ob diese Erfahrung für den Elefanten von Vorteil ist, wir sind ja kaum in der Lage, unserer Trauer etwas Positives abzugewinnen. Vielleicht ist Trauer einfach ein toxischer Nebeneffekt des Daseins als soziales Tier, der im Lauf der Evolution irgendwann als überflüssig abgestreift wird – von uns und den Elefanten. Vielleicht haben aber Menschen und Elefanten das biologische Bedürfnis, einen Verlust fühlen zu können. Vielleicht ermöglicht uns gerade unsere intensive Reaktion auf einen Verlust, so langwährende und bereichernde Beziehungen mit anderen einzugehen.

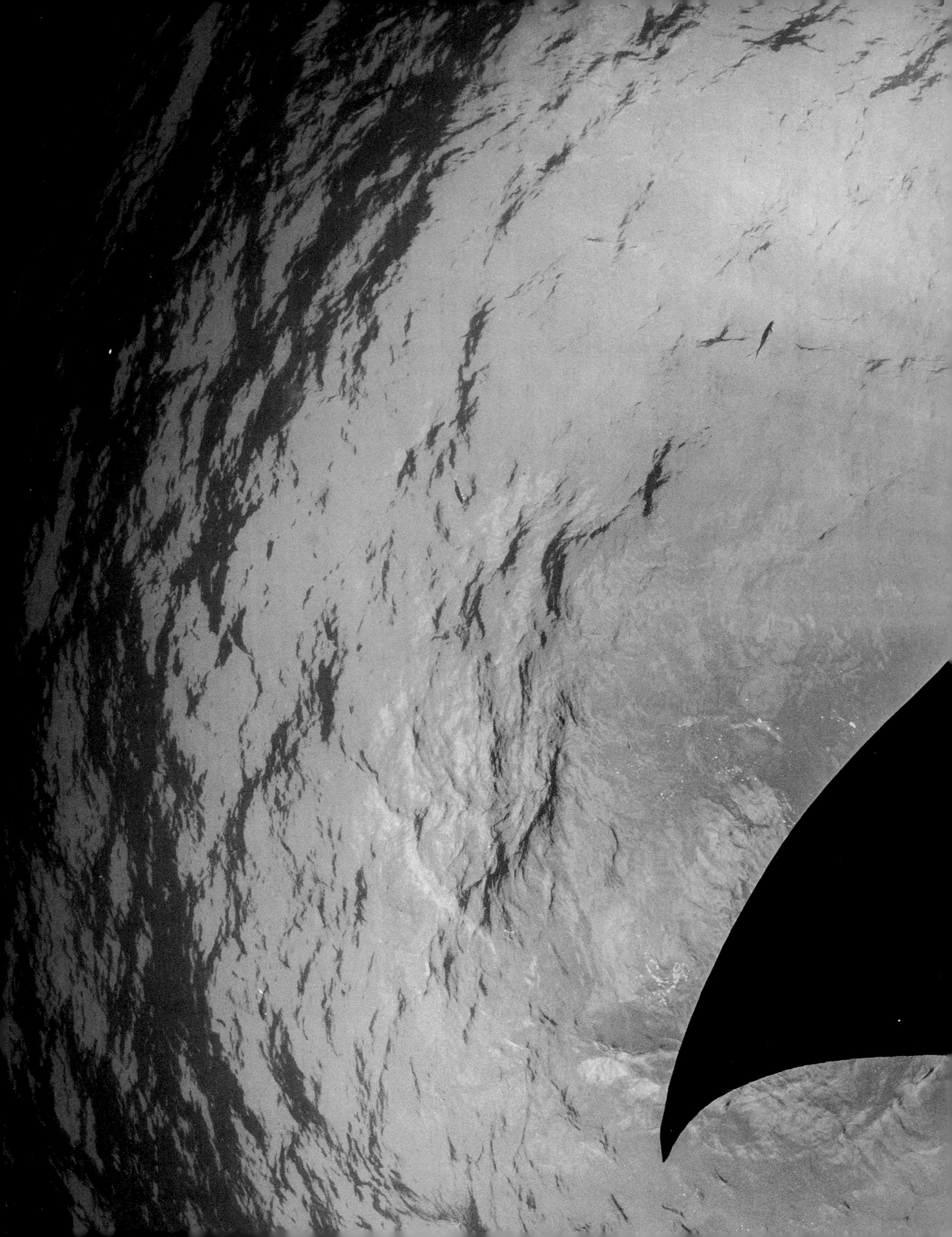

5

BEWUSSTSEIN

Ich kenn mich, ich kenn dich

Sämtliche Materie in unserem Universum besteht aus Sternenstaub. Und hier auf der Erde (und wer weiß, wo sonst noch) hat die natürliche und unaufhaltsame Evolution dazu geführt, dass manche dieser Ansammlungen von Staub sich selbst betrachten und über ihr »Staubsein« nachdenken können. Das ist das Großartige am Bewusstsein – ein Gehirn zu haben, das intelligent genug ist, um zu wissen, dass es ein lebendiges Ding ist und dass es aktiv denkt.

Diese Vorstellung ist nur schwer zu fassen, und doch waren zahllose Menschen im Lauf der Geschichte fest davon überzeugt, dass ihre Spezies als einzige unter Millionen anderer auf dieser Welt über ein Bewusstsein verfügt. Alle Verhaltensweisen anderer Tiere, egal wie komplex, wurden hirnlosem Instinkt, einem Muskelreflex ähnlich, zugeschrieben. Doch die Wissenschaft stellt unablässig Fragen und sie ersinnt praktische Möglichkeiten, diese Fragen objektiv zu beantworten. Die Annahme, wir seien die einzige Tierspezies, die jemals ein Bewusstsein entwickelt hätte, ist arrogant und – schlimmer noch – unwissenschaftlich.

Um Bewusstsein definieren zu können, benötigen Biologen Hilfe von Psychologen und Philosophen. Der französische Philosoph René Descartes schenkte uns im 17. Jahrhundert den Satz *»Je pense, donc je suis«* (*cogito, ergo sum* – Ich denke, also bin ich): Das Denken als Prozess zu erfahren und sich darüber im Klaren zu sein, dass die Gedanken selbst erzeugt sind, macht das Bewusstsein aus. Für einen denkenden Menschen sind Bewusstsein und Selbsterkenntnis schon in sehr jungen Jahren selbstverständlich. Wenn wir heranwachsen und die *Theory of Mind* entwickeln, begreifen wir, dass andere Menschen ihre eigenen Gedanken haben. Aber wie können wir herausfinden, ob auch Tiere denken, und falls sie es tun, wie sie über ihre eigenen Gedanken denken? Kann unser Verstand sich in das bewusste Erleben eines Wesens hineinversetzen, dessen Körper, Sinne und Lebensweise sich radikal von unseren unterscheiden? In seinem philosophischen Essay *Wie ist es, eine Fledermaus zu sein* schrieb Thomas Nagel: »Ich möchte wissen, wie es für eine *Fledermaus* ist, eine

Fledermaus zu sein. Wenn ich mir dies jedoch vorzustellen versuche, bin ich auf die Ressourcen meines eigenen Bewusstseins eingeschränkt, und diese Ressourcen sind für das Vorhaben unzulänglich.«

Es gibt viel weiter gefasstere Definitionen. Man könnte argumentieren, dass schon die Wahrnehmung eines äußeren Reizes Bewusstsein darstellt, obwohl man dann jeglichen Denkprozess völlig außer Acht ließe. Wir erkennen, dass Tiere (insbesondere diejenigen, die uns evolutionär nahestehen) Wach- und Schlafzustände haben und sich ihre Wahrnehmung dementsprechend ändert. Legte man diese Definition zugrunde, hätten praktisch alle Tiere ein Bewusstsein, wie wir es haben. Doch die meisten von uns halten es mit Descartes und sehen Reflexion, Selbsterkenntnis und das Nachdenken darüber, was wohl in den Köpfen anderer vorgeht, als wesentlich an.

Dies bei Tieren nachzuweisen, ist offensichtlich problematisch, doch die Biologen haben einige sehr clevere Methoden ersonnen. Ihre Forschungsergebnisse legen nahe, dass viele Tiere ein Bewusstsein im kartesianischen Sinn erkennen lassen und dass nicht alle zu denen zählen, die wir als intelligent oder hoch entwickelt ansehen. Noch faszinierender ist es, wenn Tiere die Initiative übernehmen, den Rahmen der Studie sprengen und uns einen Einblick in ihr Denken gewähren. Tierische Probanden der unterschiedlichsten Art, die eine enge Bindung an »ihren« Forscher entwickelten, haben uns mehr über ihre Gedanken, Erinnerungen und Einsichten mitgeteilt, als wir je erwartet hätten. Wir mögen davon träumen, mit Tieren sprechen zu können, doch vielleicht haben die Tiere das nicht so verträumte, sondern vielmehr dringende Bedürfnis, mit *uns* sprechen und uns ihre Gedanken mitteilen zu können. Ihre Ansätze mögen uns seltsam erscheinen, doch wir schulden es ihnen, geduldig und unvoreingenommen zuzuhören.

Den Tatsachen ins Auge sehen

Stellen Sie sich Folgendes vor: Sie wollen ausgehen. Sie haben sich chic zurechtgemacht und wollen gerade zur Tür hinaus, als Sie im Vorbeigehen einen Blick in den Spiegel werfen und … – *Was ist das?* Sie müssen etwas Dreckiges angefasst und danach Ihr Gesicht berührt haben, denn auf Ihrer Wange ist ein dunkler Fleck. Sie laufen ins Badezimmer zurück, wischen den Fleck weg und überprüfen das Ergebnis in einem (zweiten) Spiegel. Sie sind froh, den Makel entdeckt zu haben, bevor Sie das Haus verließen. Das war nun wirklich keine Bravourleistung, aber wir haben auch schon von früher Kindheit an gelernt, unser eigenes Spiegelbild zu erkennen. Selbst diejenigen, die keinen Spiegel im Haus haben, blicken ab und zu in ein Gesicht auf einer spiegelnden Fläche, und wissen, dass es ihr eigenes ist. Das gehört alles zu unserem Bewusstsein von unserer Existenz. Es ist praktischerweise auch ein Aspekt des Bewusstseins – nämlich das Ich-Bewusstsein –, den man anhand des *Spiegeltests* bei Tieren nachweisen kann.

Beim Spiegeltest wird einem Tier etwas Sichtbares angebracht – etwas, das eindeutig nicht zu seinem Erscheinungsbild gehört. Dieses Etwas darf das Tier nicht oder kaum fühlen, damit es sich nicht säubert, weil es ein taktiles Unbehagen spürt, das zum Beispiel durch einen austrocknenden Klecks Farbe verursacht wird. Der Proband hat sich im Verlauf des Versuchs bereits an Spiegel gewöhnt. Seine Reaktion auf sein Spiegelbild mit dem ergänzten Element zeigt uns, ob er begreift, dass er sich selbst im Spiegel sieht. Diverse Spezies haben den Spiegeltest bestanden, viele andere hingegen nicht. Erstaunlicherweise gehört die Ameise zur ersten Gruppe.

An der fraglichen Studie waren drei Ameisenspezies der Gattung *Myrmica* beteiligt. Die Forscher von der Université Libre de Bruxelles hatten ganze Kolonien aus über 500 Individuen, mitsamt Königinnen, Arbeiterinnen, Puppen und Eiern jeder Spezies, in der freien Wildbahn eingefangen und sie in komfortablen Nestern im Labor untergebracht. Nachdem sich die Ameisen an die neue Umgebung gewöhnt hatten, wurden Spiegel in ihr »Revier« gesetzt.

Wenn sie sich einem Spiegel gegenübersahen, ließen sie ausnahmslos von ihrer üblichen Geschäftigkeit ab und nahmen sich Zeit, seine Oberfläche mit Fühlern und Mundwerkzeugen abzutasten. Sie säuberten auch ihre Beine und Fühler vor dem Spiegel, was die Forscher als mögliche Übersprungshandlung deuteten (ein

Arbeiterinnen der Roten Gartenameise – wir können sie nicht voneinander unterscheiden, die Ameisen jedoch können sich selbst erkennen.

Verhalten, mit dem sich Tiere wie Menschen in beunruhigenden oder stressigen Situationen ablenken oder Zeit schinden). Vor nicht spiegelndem Glas zeigten die Ameisen dieses Verhalten nicht.

Im nächsten Schritt markierten die Forscher die Ameisen mit einem Farbpunkt auf der Stirn. Bei einigen Probanden war dieser Punkt blau und hob sich deutlich von der Färbung der Ameisen ab. Andere bekamen einen Punkt in der Farbe ihres Kopfs. Die dritte Kontrollgruppe wurde mit dem Malwerkzeug am Kopf berührt, erhielt aber keinen farbigen Punkt. Keine der Ameisen reagierte auf die farbige Markierung – bis sie sich im Spiegel sahen. Danach versuchte die erste Gruppe, sich den blauen Punkt von der Stirn zu entfernen. Alle konzentrierten sich auf sich selbst, keine von ihnen versuchte, ihr Spiegelbild zu säubern. Die Ameisen mit den Farbpunkten, die sich nicht von ihrer Körperfarbe abhoben, sowie die unmarkierten Ameisen verhielten sich vor dem Spiegel, als sei alles normal.

Ergo: Die Ameisen hatten den Spiegeltest mit Bravour bestanden. Dieses Ergebnis löste in der Welt der Verhaltensbiologie einigen Wirbel aus, denn es zeigte, dass ein »niederes« Insekt, dessen Gehirn nicht mehr als lächerliche 250 000 Neuronen aufweist, zu einem Verhalten fähig ist, das wir als hoch entwickelten Aspekt des Bewusstseins erachten. Welchen Nutzen hat das Sich-selbst-Erkennen – und die daraus logisch folgende Selbsterkenntnis – für eine Ameise? Ein Insekt, das hirnlos, ohne Eigeninitiative zu agieren scheint, das nur das tut, was die Menge auch tut, das seiner Königin blind ergeben ist. Und diese Königin ist mitnichten eine kluge oder fürsorgliche Monarchin, sondern eine Eierleg-Maschine, die ihr gesamtes Volk unbewusst durch das Absondern von Pheromonen kontrolliert. Und doch, der Beweis lag vor: Eine Arbeiterameise sah ihr Spiegelbild und begann prompt, sich den »Dreck« von der Stirn zu wischen.

Die Risiken einer Identität

Interessant, allerdings ziemlich verstörend, ist, was den Probandinnen, die sich den Farbpunkt nicht entfernen konnten, geschah, als sie in ihr Nest zurückkehrten. Während die unmarkierten und rotbraun markierten Ameisen von den übrigen genauso behandelt wurden wie zuvor, wurden die blau gepunkteten Ameisen aller drei Spezies von Wächterinnen gepackt, gebissen und gestochen. Ameisen können Pheromone freisetzen, um aggressive Nestmitbewohnerinnen zu beruhigen, und die Probandinnen schienen dies zu tun, doch das wirkte nicht immer. Von den 18 blau markierten Ameisen wurden fünf getötet.

Ameisen verteidigen ihre Nester erbittert. Das ist nicht verwunderlich, schließlich haben sich einige Arten darauf spezialisiert, als »Sklavenfänger« in die Nester von friedfertigeren Spezies einzufallen (*siehe* Seite 155). Sofort in den Angriffsmodus zu schalten, wenn eine artfremde Ameise auftaucht, ist also nur angemessen. Ameisen erkennen ihre Artgenossinnen anhand von olfaktorischen (geruchlichen) und visuellen Hinweisen, und die blau gepunkteten fielen durch das Erkennungsraster. Ameisen der eigenen Spezies erkennen zu können, ist selbstredend eine wichtige Fähigkeit, die aber nicht völlig angeboren ist – sie entwickelt sich mit der Zeit. Junge, gerade erst aus Puppen geschlüpfte Ameisen haben sie noch nicht und sie können sich auch noch nicht im Spiegel erkennen. In der Wildnis treffen Ameisen für gewöhnlich nicht auf Spiegel, wir können also davon ausgehen, dass die Probandinnen keine entsprechenden Erfahrungen hatten. Daher müssen wir die Möglichkeit erwägen, dass die adulten Ameisen ein Konzept ihres »Ichs« entwickelt hatten und so vor dem Spiegel – zweifelsfrei und schnell – erkannten, dass sie sich selbst sahen. Das scheint ein überraschend hoch entwickeltes Verhalten zu sein, doch Ameisen haben noch weitere erstaunliche kognitive Fähigkeiten. Sie können, so die Forscher, »lernen, bestimmte Aufgaben zu bestimmten Zeiten zu erledigen, sich mehrere visuelle und olfaktorische Elemente merken« und vieles mehr. Wir sollten nicht vergessen, dass ungefähr 20 Billiarden Ameisen auf diesem Planeten leben. Es wäre unklug, sie zu unterschätzen.

RIESENMANTA *MOBULA BIROSTRIS*

Spiegeltest – das Nonplusultra?

Der Riesenmanta ist nach dem Wal- und dem Riesenhai der größte Fisch der Welt. Seine flügelähnlichen Flossen haben eine Spannweite von bis zu 7 Metern, vom Kopf bis zur Schwanzspitze misst er bis zu 9 Meter. Er bewegt sich anmutig durchs Meer und fächert sich mit seinen beiden seitlichen Kopfflossen planktonreiches Wasser zu.

Mantarochen wandern, manchmal in Gruppen, über weite Strecken. Sie ernähren sich vorwiegend von Plankton, aber auch von kleineren Fischen, tauchen bei der Jagd manchmal tief ab und können auf 24 Kilometer pro Stunde beschleunigen. Ihr Sozialverhalten scheint ziemlich komplex zu sein und in ihrem seltsamen, flachen Kopf steckt ein großes, einem Tier mit sozialer Intelligenz angemessenes Gehirn.

Sollten Sie nach einem Fisch suchen, der Anzeichen von Bewusstsein erkennen lässt, dann lägen Sie beim Riesenmanta richtig. Forscher der University of South Florida beobachteten, wie zwei gefangene Riesenmantas auf einen Spiegel in ihrem Becken reagierten. Das Ergebnis ihrer Studie, das sie 2016 veröffentlichten, war hochinteressant. Da sie die Rochen nicht mit wasserunlöslicher Farbe markieren wollten, ging es nur darum, wie sich die Fische vor dem Spiegel verhielten (zum Spiegeltest mit Markierung *siehe* Seite 132) und wie sie im Vergleich zu anderen Tieren abschnitten.

Die Rochen interessierten sich sehr für den Spiegel, reagierten aber nicht so, als sähen sie darin ein anderes Individuum. Sie schwebten vor dem Spiegel oder zogen davor Kreise, wedelten mit den Kopfflossen und beobachteten dabei das reflektierte Bild. Sie stießen auch Luftblasen aus – was nicht zu ihrem normalen Verhaltensrepertoire zählt. Die häufigen, markanten und ungewöhnlichen Reaktionen lassen stark darauf schließen, dass diese Rochen sich selbst erkannten. Wenn sie auch noch den Markierungstest bestünden, gehörten sie zu dem kleinen, exklusiven Zirkel von Spezies, die den »gehobenen« Spiegeltest erfolgreich absolviert haben.

Nun geht der Spiegeltest von der Annahme aus, dass der Sehsinn der dominante Sinn ist, was auf viele Spezies, darunter auch den Riesenmanta, eventuell nicht zutrifft. Wenn wir schlau genug sind, einen Selbsterkennungstest zu entwickeln, der auf Geruch oder Magnetorezeption aufbaut, finden wir vielleicht heraus, dass noch weitaus mehr Spezies über diesen Aspekt des Bewusstseins verfügen.

Mit unseren Erfahrungen können wir das Leben eines Mantarochens nicht erfassen. Sind wir schlau genug, um herauszufinden, wie er sein ungeheuer großes Gehirn benutzt?

WESTLICHER FLACHLANDGORILLA *GORILLA GORILLA GORILLA*

Die Zeichen lesen

Zu den berühmtesten und bewegendsten Momenten der Fernsehgeschichte gehört die Erstausstrahlung einer Episode von David Attenboroughs BBC-Serie *Life on Earth* im Jahr 1979, die seine Begegnung mit einer Berggorilla-Familie in Ruanda dokumentierte. Der Film zeigte ihn leise in die Kamera sprechend, während die Tiere neben und auf ihm lagen und sanft mit seinen Haaren und Schuhen spielten. Der Schimpanse und der Bonobo stehen uns evolutionär näher, doch diese außergewöhnliche Filmsequenz hat vielleicht mehr Mitgefühl mit einer anderen Spezies wachgerufen als jede andere. Dass ein Mensch sich zu wilden Gorillas (die allerdings schon an Forscher gewöhnt waren) setzen kann und von der Gruppe akzeptiert wird, sagt uns eine Menge über den größten Menschenaffen und seine Bereitschaft, sich mit unserer Spezies einzulassen. Könnte eine Beziehung zwischen Mensch und Gorilla so eng werden, dass sie uns Einblicke in sein Denken gewährt?

Am 4. Juli 1971, acht Jahre vor der Ausstrahlung der *Life-on-Earth*-Episode, wurde im Zoo von San Francisco ein Westlicher Flachlandgorilla geboren. Das Weibchen wurde Hanabi-ko getauft (japanisch für »Feuerwerkskind« – es war der amerikanische Unabhängigkeitstag), bald aber nur noch Koko genannt. Koko entwickelte eine lebenslange Freundschaft zu der Tierpsychologin Francine Patterson, die ihr eine modifizierte Form der amerikanischen Gebärdensprache beibrachte.

Die Stimmanatomie der Menschenaffen unterscheidet sich von unserer, weshalb sie nicht eine so komplexe und feinmodulierte Bandbreite von Tönen erzeugen können wie wir. Doch diversen Menschenaffen wurde seit ihrer frühen Kindheit beigebracht, Gebärdensprache zu benutzen und gesprochene Sprache zumindest zu verstehen, und die Wissenschaft ist sich im Großen und Ganzen einig, dass sie das Sprachniveau eines dreijährigen Menschenkindes erreichen.

Koko lernte über 1000 Gebärden und verstand etwa 2000 gesprochene Worte. Syntax schien sie allerdings nicht zu begreifen, daher waren ihre Wortaneinanderreihungen nicht immer leicht zu interpretieren. Kritiker waren der Ansicht, dass sie die meisten Gebärden aufs Geratewohl machte und dass es eine unzulässige Vermenschlichung war, ihnen eine Bedeutung zuzuschreiben. Es ist nie verkehrt, eine gute Prise gesunden Zynismus in die Beurteilung einer Studie einflie-

Gorillas können mithilfe von Gebärdensprache mit uns reden, und einiges, was sie zu sagen haben, scheint mit ihren intimsten Gedanken und stärksten Erinnerungen zusammenzuhängen.

ßen zu lassen (vor allem wenn es um ein geliebtes individuelles Tier geht), doch viele Stunden dokumentierter Interaktionen scheinen deutlich zu zeigen, dass Koko wusste, was sie »sagte«, und die Art und Weise, wie sie in emotionalen Situationen kommunizierte, lieferte wertvolle Einblicke in ihren Denkprozess.

1985 bat Koko um eine Katze als Haustier. Ihre Trainerin wollte sie mit einem Stofftier abspeisen, doch das gefiel Koko nicht. Daraufhin durfte sie sich ein echtes Kätzchen aus einem Wurf schwanzloser Manx aussuchen. Sie wählte einen Kater, den sie »All Ball« nannte. Alle Sorgen, sie könnte dem Kätzchen etwas zuleide tun, verflogen bald, denn sie behandelte es zärtlich. Als All Ball nach wenigen Monaten von einem Auto überfahren wurde, antwortete Koko auf die Nachricht von seinem Tod mit einer Reihe von Gebärden: »Schlimm. Traurig. Schlimm. Stirnrunzeln. Weinen-Stirnrunzeln. Traurig.« Als sie später alleine war, gab sie untypische Laute von sich, die wie Schluchzer klangen.

Koko verwendete oft emotional aufgeladene Wörter und konnte sich noch Monate später auf vergangene Erfahrungen, wie den Tod von All Ball, beziehen. Sie konnte aber auch frech sein: Einmal bezeichnete sie eine Interviewerin, die sie nicht mochte, als »Toilette«. In einem Intelligenztest, der auf Menschenkinder zugeschnitten war, erreichte Koko einen IQ zwischen 70 und 90. Erfindungsgabe, die als ein Kennzeichen von Intelligenz gilt, stellte sie unter Beweis, wenn sie Komposita bildete, um ein unbekanntes Objekt zu beschreiben: ein Ring war ein »Finger-Armband«, eine Maske ein »Auge-Hut«, ein Feuerzeug ein »Flasche-Streichholz«.

Vergangenes in Worte fassen

Als sie sechs Jahre alt war, bekam Koko einen Gefährten – den dreieinhalbjährigen Gorilla Michael, den man in Afrika verwaist aufgefunden hatte. Ihre Trainerin hoffte, dass die beiden einmal ein (Eltern-)Paar werden könnten, aber Koko und Michael schlossen »nur« eine enge Freundschaft. Michael begann relativ spät, doch auch er erlernte die Gebärdensprache, sowohl von Koko als auch von Francine Patterson.

Michael beherrschte weniger Gebärden als Koko, zeigte aber große Freude an anderen Beschäftigungen: Er malte gerne und lauschte klassischer Musik. Die 600 Gebärden, die er gelernt hatte, reichten ihm, um eine Geschichte zu erzählen, die als Beschreibung vom Tod seiner Mutter durch die Hand von Wilderern interpretiert wurde. Die Worte, die er benutzte, als er nach seiner Mutter gefragt wurde, passten nicht zu seinem neuen Leben: »Zerquetschen-Fleisch. Mund-Zahn. Weinen. Scharf-Geräusch. Laut. Schlimm. Denken-Problem. Gucken-Gesicht. Schnitt-Nacken-Lippe-Loch« (»Lippe« war Kokos und Michaels Wort für »Mädchen«).

Viele Gorillas und andere Primaten werden in Afrika wegen ihres Fleischs (Buschfleisch) getötet. Und deswegen gelangten früher auch viele verwaiste junge Gorillas in Zoos, denn sie waren lebend mehr wert als das bisschen Fleisch auf ihren Rippen. Michael schien eine solche Jagd zu beschreiben – da fragt man sich doch, ob er das traumatische Erlebnis wieder und wieder durchlebte und sich den Kopf darüber zerbrach.

Vertrautheit und Versehen

Mit Tieren zu kommunizieren, die eine uns bekannte Sprache erlernt haben, bringt uns verlockend nahe an den Punkt, an dem wir verstehen, was und wie sie denken – über sich selbst und die große weite Welt. Alle »sprechenden Tiere« begegneten jedoch Skeptikern, so wie der »Kluge Hans«, ein Hengst, der Anfang des 20. Jahrhunderts in Berlin mit dem Huf die (stets korrekte) Lösung einer Rechenaufgabe, die sein Trainer ihm gestellt hatte, anzeigte. Er wurde als mathematisches Genie gefeiert, bis eine Untersuchungskommission feststellte, dass es von winzigen unbeabsichtigten Hinweisen seines Trainers abhing, wie oft er mit dem Huf aufstampfte. Die unbewusste Beeinflussung von Versuchstieren durch den Menschen wird seither Kluger-Hans-Effekt genannt, und viele Kritiker glauben, ihn auch bei Koko, Michael und anderen gebärdenden Menschenaffen zu erkennen – zumal sie nicht mit irgendeinem Menschen, sondern mit einem eng vertrauten lernten.

Als Spezies betrachtet, bestehen Gorillas den Spiegeltest (*siehe* Seite 132) nicht konsequent (Koko hingegen schon). Sie schneiden schlechter ab als Schimpansen und Orang-Utans – und die Ameise. Aber vielleicht verfügt ein schlauer Menschenaffe über ein Ich-Bewusstsein, obwohl ihm das Konzept des Spiegels fremd bleibt. Gorillas, Schimpansen und Orang-Utans sind zwar eng verwandt, doch sie haben ihre eigene evolutionäre Geschichte, die sie und ihre Gehirne auf eine Art geformt hat, die für ihre spezifische Überlebensweise in einem spezifischen Habitat nötig ist. Sie unterscheiden sich in ihrem Denken, Fühlen, Reagieren und Verhalten untereinander so sehr, wie sie sich von uns unterscheiden.

Koko und Michael haben uns so einiges über ihre Denkprozesse, ihre Selbsterkenntnis und ihre Introspektion aufgezeigt. Doch wir müssen noch enorm viel über sämtliche Großen Menschenaffen lernen, und da wir Menschen die Studien durchführen, müssen wir uns bemühen, streng objektiv zu bleiben, wenn wir mit diesen uns so vertraut erscheinenden Kreaturen arbeiten.

ELSTER *PICA PICA*

Ich seh mich an

Fesch, frech und herumstolzierend – so kennen wir die eurasische Elster aus unseren Gärten und Parks. Sie und ihre Cousine, die nordamerikanische Hudsonelster, sind die kleinen Mitglieder der Rabenfamilie. Die »diebische Elster«, die es auf glitzernde Objekte abgesehen hat, ist sprichwörtlich, doch für dieses Verhalten gibt es keine überzeugenden Beweise. Die Wissenschaft hat jedoch gezeigt, dass dieser Vogel eine besondere Beziehung zu dem reflektierenden Objekt schlechthin hat – dem Spiegel.

Beim Spiegeltest wird ein Tier markiert und mit seinem Spiegelbild konfrontiert, um festzustellen, ob es erkennt, dass die Markierung sich auf seinem eigenen Körper befindet – ob es also zur Selbstwahrnehmung fähig ist. Bisher bestanden nur wenige Spezies diesen Test (*siehe* Seite 132), die meisten reagieren wie auf ein fremdes Individuum (aggressiv, freudig oder ignorierend).

Fünf Elster-Probanden wurden mit Spiegeln vertraut gemacht, bevor kleine Farbpunkte (bunte oder schwarze als Kontrollmarkierung) auf ihre schwarzen Kehlfedern getupft wurden – die sie ignorierten, bis sie ihr Spiegelbild sahen. Drei Vögel mit bunten Punkten versuchten daraufhin, sie abzukratzen oder abzuzupfen. Auch bei wechselnden Farben und abgewandelten Versuchsanordnungen blieb die Erfolgsquote gleich. Ergebnis: Test bestanden – selbst Spiegeltest-Asse wie die Schimpansen kommen nicht auf eine 100-prozentige Quote.

Die 2008 durchgeführte Versuchsreihe bewies, dass diese Rabenvögel ihr großes Gehirn clever nutzen und Fähigkeiten besitzen, die man zuvor nur bei wenigen Säugetieren beobachtet hatte. Zugegeben, fünf Probanden sind recht wenig, doch es deutet nichts darauf hin, dass diese fünf Ausnahmegenies gewesen wären. Elstern haben sich in einer ökologischen Nische entwickelt, in der eine schnelle Auffassungsgabe von evolutionärem Vorteil ist. Sie sind gesellig (sie haben ein komplexes Sozialverhalten und können in Teams arbeiten), aber auch streitbar, sie verstecken Futter (auch vor Artgenossen), benutzen Werkzeuge, können menschliche Individuen auseinanderhalten und haben als Allesfresser eine stark ausgeprägte Neugier (schließlich könnte alles essbar sein, wenn man nur herausfindet, wie). Kein Wunder also, dass sie so schlau wie schön sind.

Die Elster, deren Verstand offenbar genauso scharf ist wie ihre Augen und ihr Schnabel, ist sich ihrer selbst bewusst.

FARBRATTE *RATTUS NORVEGICUS DOMESTICA*

Die Freuden des Lachens

Man möchte es kaum glauben, aber wir verdanken der Wanderratte (*Rattus norvegicus*) viel. »Laborratten« haben uns wertvolle Einblicke in biomedizinische, genetische, psychologische und andere Themengebiete gegeben. Nicht alle domestizierten Ratten leben in Laboren. Die von der Wanderratte abstammenden Farbratten sind nach Ansicht ihrer Fans schlauer und anhänglicher als Hamster oder Rennmäuse. Die Merkmale, die Wanderratten so problematisch machen – wie ihre Neugier, Anpassungsfähigkeit und gesellige Natur – wirken bei ihrer Haustierform charmant.

Ihre sympathischste Eigenschaft ist wohl ihr Lachen. Lachen – generell ein Sinn für Humor – gehört zu den Attributen, die wir als exklusiv menschlich ansehen. Wir lachen ständig über Tiere, erwarten aber nicht, dass sie über uns lachen. Der amerikanische Psychologe und Neurobiologe Jaak Panksepp erforschte dieses Verhalten jahrzehntelang: Werden Ratten, vor allem juvenile, von einem Menschen im Nacken gekitzelt, stoßen sie eine Folge von zirpenden Lauten aus, die ihren sonstigen Lautäußerungen nicht ähneln. Ganz offenbar verspüren sie dabei Vergnügen, denn sie nähern sich immer wieder den Händen, die sie zuvor gekitzelt haben. Auch wenn Ratten beim Spielen gegenseitig ihre Nacken beknabbern, ruft das ein »Lachen« hervor. Manche Individuen sind kitzliger, verspielter und lachfreudiger als der Rest, und zu diesen Individuen fühlen sich andere Ratten mehr hingezogen. Alles Rattengelächter verstummt aber sofort, wenn ein alarmierender Reiz ins Spiel kommt, wie etwa ein Hauch Katzenurin. Sie scheinen also nur zu lachen, wenn sie entspannt sind. Das ist etwas, was wir verstehen können: Wer sich vor Lachen krümmt, kann sich nicht verteidigen, deshalb lachen wir nur in entspannten Situationen oder wenn wir durch unser Lachen deeskalieren wollen.

Ratten reagieren also auf ein Kitzeln positiv, aber können wir ihnen Humor attestieren, der große kognitive Fähigkeiten voraussetzt? Die besten Witze sind die, die uns überraschen, und Überraschung ist auch vonnöten, wenn das Kitzeln einen Effekt haben soll (deshalb lachen wir nicht, wenn wir uns selbst kitzeln). Wir lachen über unsere eigene Tollpatschigkeit oder vor Erleichterung, wenn wir einer brenzlichen Situation entronnen sind. Das Lachen scheint mit dem Bewusstsein der eigenen Verletzlichkeit zusammenzuhängen. Für die Ratten ist der Nacken eine neuralgische Stelle, die anderen in spannungsgeladenen Interaktionen – Kampf, Paarung, aber eben auch Spiel – ausgeliefert ist. Vielleicht entspringt das Lachen bei Ratten wie bei Menschen der Nervosität. Trotzdem scheinen sie (wie wir) es zu genießen.

Farbratten lachen gerne, und die Ratten, die den meisten Spaß zu haben scheinen, haben auch die meisten Freunde.

Der Unsicherheitsfaktor

Für viele Menschen ist die gründliche Selbsterforschung ein lebenslanges Projekt, während andere das als zeitverschwendende Nabelschau abtun. Doch in der Regel treffen wir für uns günstigere Entscheidungen, wenn wir über ein gewisses Maß an Selbsterkenntnis verfügen. Durch Selbstbetrachtung können wir lernen, unsere Fehler zu akzeptieren und unsere Stärken zu festigen. Viele Tiere zeigen, dass sie wissen, wann sie an ihre körperlichen Grenzen stoßen, doch wie steht es mit der Auslotung mentaler Grenzen? Um diese Frage zu beantworten, wenden wir uns wieder dem Großen Tümmler zu und schauen uns an, wie dieses Geschöpf mit dem großen Gehirn über sein eigenes Denken denkt.

Bei vielem, das wir aus Spaß machen, gilt es, den Schwierigkeitsgrad zu steigern. Es reizt uns, an unser Limit zu gehen und zu erkunden, wozu wir fähig sind. Aber wenn es zu heikel wird, können wir auf Nummer sicher gehen und eine Stufe zurückschalten. Oder mehr Informationen sammeln, um am Ende doch erfolgreich zu sein.

Wie wir auf unsere Unsicherheit reagieren, wurde empirisch erforscht, und wenn wir vor einem Problem stehen, reagieren wir im Versuchslabor haargenau so wie im richtigen Leben: Entweder wir weichen vor ihm zurück oder wir sammeln zusätzliche Informationen. 1995 stellten Forscher Menschen- und Tümmler-Probanden vor dieselbe Aufgabe: Sie sollten einen Ton mit hoher Frequenz von einem mit niedriger Frequenz unterscheiden, und in jedem Versuchsschritt näherten sich die Frequenzen aneinander an. Die Probanden hatten auch die Option, keine Antwort zu geben und einen Schritt zurückzugehen. Als sich die Töne kaum noch unterscheiden ließen, wählten Menschen wie Tümmler die »Weiß-nicht«-Option – das Ergebnis der beiden Spezies fiel fast identisch aus.

Der Versuchsaufbau ermöglichte es den Probanden, ein »Ich weiß, dass ich nicht weiß« dem Scheitern vorzuziehen. Viel eindeutiger kann man Bewusstsein nicht unter Beweis stellen. Das Nachdenken über das Denken, die *Metakognition*, ist (wie wir schon gesehen haben) eine hoch entwickelte Funktion des Gehirns. Doch nach allem, was wir bereits über die mentalen Fähigkeiten der Tümmler wissen, dürfte es uns kaum erstaunen, dass sie in diesem Bereich so abschneiden wie wir. Später durchgeführte Versuche zeigten, dass auch Rhesusaffen und sogar Tauben sich über ihr Nichtwissen im Klaren waren. Wie sicher können wir uns sein, wenn es um das Bewusstsein der Tiere geht?

Mit Selbstzweifeln kämpfen zu müssen, gehört zu den Nachteilen des Intelligentseins. Großen Tümmlern ergeht es da nicht anders als uns.

6

GEWINNEN

Strategien und Taktiken

Man möchte das nicht unbedingt sehen, doch viele Tiere jagen, töten und fressen andere Tiere, und sie tun das von klein auf. Andere sich frei bewegende Lebewesen zu fangen, die nicht gefangen werden »wollten«, war die ursprüngliche Lebensweise der ersten Meeresbewohner, und das räuberische Verhalten zahlte sich im Lauf der Evolution bis hin zu zahlreichen modernen Tierarten aus. Um als Räuber Erfolg zu haben, muss ein Tier diverse Beutespezies überwältigen oder überlisten können, weshalb viele Beutegreifer sehr intelligent sind. Natürlich gibt es auch hochintelligente nicht räuberische Tiere, denn die Fähigkeit, schnell entkommen zu können, ist ein großes Plus bei der natürlichen Selektion. Begegnen sich Jäger und Beute, liegt es in der Natur der Sache, dass einer gewinnt und der andere verliert.

Die Jagd ist nicht die einzige Gelegenheit, bei der eine Spezies eine andere übertrumpfen muss. Parasiten töten ihre Wirte nicht, aber sie schmarotzen und fügen ihnen mehr oder minder großen Schaden zu, weshalb viele Tiere ein Parasitenabwehr-Verhalten erlernt haben, auf das sich wiederum der Parasit einstellen muss. Bei Parasitismus denken wir meist an Parasiten, die auf oder in dem Körper des Wirts leben und sich von dessen Körperflüssigkeiten und -zellen ernähren. Doch es gibt auch andere Formen, zum Beispiel den Kleptoparasitismus – wenn ein Tier dem anderen die Nahrung stiehlt. Raubmöwen attackieren Basstölpel in der Luft und zwingen sie, den gerade gefangenen Fisch auszuwürgen. Falken folgen Schleiereulen bei der Pirsch und reißen ihnen die eben geschnappte Wühlmaus aus den Fängen.

Und dann gibt es noch den Brutparasitismus (auch: Nestparasitismus) – der sich unter anderem bei einigen nicht verwandten Vogelfamilien in unterschiedlich verfeinerter Form herausgebildet hat. Das Parasitenweibchen legt ihr Ei in ein fremdes Nest und hofft, dass die Wirtseltern nichts merken, das Ei ausbrüten und das Küken aufziehen – und auf diese Weise dem Parasiten viel Zeit- und Energieaufwand ersparen. Manche Spezies wälzen regelmäßig einen Teil des Brutpflegeaufwands auf Artgenossen (*intraspezifisch*) ab und legen überschüssige Eier in mehrere fremde Nester, obwohl sie im eigenen selbst brüten. Obligate Brutparasiten haben gar kein eigenes Nest und so komplexe Täuschungen entwickelt, dass es zu einem *evolutiven Wettlauf* kommt, bei dem sich die Wirtsspezies anpasst, um ebendieser Täuschung (oder »Kuckuckskindern«) zu entgehen. Es ist wie bei einem Wettrüsten, das sich über Generationen hinzieht und steigert, und mal liegt die eine Spezies in der Entwicklung (und dem Bruterfolg) vorn, mal die andere.

Selbst bei scheinbar gelungenen *Symbiosen* (dem Zusammenleben von Individuen zweier Spezies zum gegenseitigen Vorteil) stellt sich bei näherem Hinsehen heraus, dass es einen Gewinner und einen Verlierer gibt. Madenhacker suchen das Fell großer Weidetiere nach Zecken und anderen Hautparasiten ab und verspeisen sie, doch sie picken auch in Wunden und trinken das Blut. Für Büffel, Giraffen oder Antilopen ist es also nicht immer von Vorteil, die kleinen Vögel auf ihrem Rücken oder Hals zu dulden. Bienenfresser spannen ihren Nachwuchs bei der Aufzucht der nächsten Brut ein, so sparen die Eltern Arbeit und die Jungvögel sammeln wichtige Erfahrungen. Um sich diese Hilfe für längere Zeit zu sichern, sabotieren manche Eltern allerdings die ersten Nistversuche der Jungvögel.

Jede Situation, in der ein Tier gegen die Interessen eines anderen handeln muss, um seine eigenen zu stärken, ruft einen enormen Selektionsdruck auf beide Parteien hervor. Das Ergebnis ist die Evolution natürlicher Wunder und Gräuel, von der außerordentlichen Geschwindigkeit, die ein Hase aus dem Stand erreicht, über das furchtlose Kämpfen der Honigdachse bis zum selbstmörderischen Altruismus von Termiten, die ihre Nester mit ihren eigenen zerfetzten, Gift versprühenden Körpern schützen. Wenn immer schwerer besiegbar werdende Kontrahenten überwunden werden müssen, muss sich das Gehirn verändern.

KUCKUCK *CUCULUS CANORUS*

Täuschung auf vielen Ebenen

Für Menschen in Europa ist der heitere zweisilbige Ruf des männlichen Kuckucks das lang ersehnte Signal für den Frühling. Für die kleinen Singvögel, die ihren Lebensraum mit dem Kuckuck teilen, ist er kein Grund zum Feiern, denn dieser Vogel ist ein hoch spezialisierter obligater Brutparasit.

Wenn ein Kuckuckweibchen ein Ei in das Nest eines ahnungslosen Wirtspaars legt, macht es dessen Fortpflanzungsanstrengungen für die gesamte Saison zunichte. Ein Kuckucksküken ist ein Miniaturkraftpaket. Kaum geschlüpft, beginnt es, seine Ziehgeschwister – die Schlüpflinge wie die noch im Ei reifenden – aus dem Nest zu werfen. Es duckt sich unter sie und stemmt sie in einer Art Press-up-Manöver über den Nestrand. Als einziger Verbliebener wird der ewig hungrige Jungkuckuck schnell größer als seine erschöpften Zieheltern. Erst wenn seine sorglosen biologischen Eltern längst in ihrem Winterquartier in Afrika angekommen sind, zieht auch er in den Süden.

Nichts ist für ein Tier wichtiger, als in die nächste Generation zu investieren, und für den Kuckuck hängt der Erfolg gänzlich davon ab, ob er eine andere Spezies durch Täuschung dazu bringen kann, alle Mühen ohne eine genetische Belohnung zu übernehmen. Darauf sind seine Anatomie und vor allem sein Verhalten ausgerichtet.

So ähnelt der Kuckuck dem Sperber – einem für kleine Singvögel gefährlichen Räuber. Während das Weibchen diskret die Nester potenzieller Wirte ausspioniert, zeigt das Männchen seine Anwesenheit demonstrativ. Die alarmierten Singvögel haben nur noch Augen für ihre Umgebung und versuchen den vermeintlichen Greifvogel zu vertreiben. Derweil legt das Kuckuckweibchen blitzschnell ein Ei in ein unbewachtes Nest (und stiehlt ein Wirtsei, damit der Betrug nicht offenbar wird).

Das Kuckucksei ist viel kleiner, als man es bei einem Vogel seiner Größe erwartet, und ähnlich gefärbt und geformt wie die Eier des Wirts (*Ei-Mimikry*). Jedes Kuckuckweibchen ist auf eine Wirtsspezies spezialisiert und seine Eier gleichen nur den Eiern dieser Spezies. Die auf denselben Wirt fokussierten weiblichen Linien werden Stämme genannt und vererben diese Präferenz. Manche Wirtsspezies haben sich angepasst, durchschauen die Täuschung und nehmen das Kuckucksei nicht an. Und weil das Überleben seiner Art von der Perfektion des Betrugs abhängt, muss auch der Kuckuck sich ständig weiterentwickeln.

Wenn ein junges Kuckuckweibchen die ersten Eier legt, sucht es sich die Wirtsspezies aus, von der es großgezogen wurde, und wendet dieselben Tricks wie seine Mutter an.

TÜPFELHYÄNE *CROCUTA CROCUTA*

Die Macht der Matriarchin

Tüpfelhyänen werden oft als die feige, bucklige, aasfressende Verwandtschaft der vornehmeren afrikanischen Raubkatzen dargestellt. Das ist unfair, denn sie ernähren sich erstens nicht vorwiegend von Aas, sondern sind ausgezeichnete Jägerinnen, und haben zweitens ein im Vergleich zu vielen anderen Beutegreifern hochkomplexes Sozialsystem, das eher an gesellige Primaten erinnert. Auch ihr Gehirn ähnelt in Größe und Struktur dem der hoch entwickelten Primaten. Dank ihrer ausgeprägten Intelligenz und ihres Organisationstalents sind sie als Spezies ausgesprochen erfolgreich (sie sind zahlreicher als jede andere große afrikanische Beutegreiferspezies). Doch von Liebe, Gleichheit und Brüderlichkeit ist ihre Kultur nicht durchdrungen.

Die Hyänengesellschaft ist weiblich geprägt, und das Alpha-Weibchen ist das größte und dominanteste Tier des Clans. Die weiblichen Nachkommen stehen in der Hierarchie direkt unter ihren Müttern, wobei die jüngsten Töchter ihre älteren Schwestern automatisch abhängen. Stirbt eine Matriarchin, rückt ihre jüngste adulte Tochter an ihren Platz. Als Basis für ihre Dominanz bekam sie schon im Mutterleib einen Schub von Androgenen (männlichen Sexualhormonen), der auch dafür sorgt, dass die Weibchen größer sind als die Männchen und vermännlichte Geschlechtsorgane haben – ihre Klitoris ist zu einem Pseudopenis vergrößert (die Weibchen gebären durch sie auch ihre Jungen). Rangniedere Weibchen bekommen eine viel kleinere Androgen-Dosis und sind daher in ihrer Anatomie und Aggressivität weniger vermännlicht.

Die strengen gesellschaftlichen Clan-Regeln werden durch ritualisiertes Aggressions- und Demutsverhalten durchgesetzt. Das beginnt schon bei der Geburt. Die Jungen kommen mit geöffneten Augen, scharfen Zähnen und Kampfgeist auf die Welt. Es ist nicht ungewöhnlich, dass Jungtiere schon wenige Tage nach der Geburt ihre Geschwister töten. Im Gegensatz zu anderen geselligen Säugetieren dürfen sich außer der Matriarchin auch andere Weibchen paaren – wenn auch das Schicksal ihrer Jungen von der Empfängnis an vorherbestimmt ist. Insbesondere rangniedere Männchen haben es schwer und werden oft aus dem Rudel vertrieben. – Bei dieser faszinierenden Spezies kommen die Weibchen durch Maskulinisierung zu Macht und Rang, während die Männchen nichts zu melden haben.

Hyänen leben in einer so komplexen wie streng hierarchischen Gesellschaft, die nur sehr wenigen den sozialen Aufstieg ermöglicht.

Viele Ameisenspezies sind auf dem Feld der Sklavenhaltung oder einer anderen Form des Sozialparasitismus Täter oder Opfer – oder beides. Mini-Königinnen der hier gezeigten Roten Gartenameise (*Myrmica rubra*) zum Beispiel dringen in das Nest einer normal großen Königin ein, legen Eier und bringen die Arbeiterinnen dazu, diese zu umsorgen.

Kindesentführung

Bei Vögeln wie dem Kuckuck ist Brutparasitismus ein bekanntes Phänomen, doch er tritt auch bei sozialen Insekten auf – nur mit ganz anderen Taktiken. Die Sklavenhalterameise etwa setzt nicht auf Täuschung, sondern auf Nötigung. Diverse nicht verwandte Gruppen von Ameisen haben sich voneinander unabhängig zu Sklavenhaltern entwickelt. Manche »rekrutieren« nur Hilfsarbeiterinnen, für die vier Spezies der Gattung *Rossomyrmex* hingegen sind Sklaven überlebenswichtig.

Der Begriff »Sklavenhalter« mag hart, wenn nicht gar kontrovers, erscheinen, doch er wird in der Biologie weiterhin verwendet, um zu beschreiben, wie diese Ameisen an ihre Arbeitskräfte kommen. Die erste Tat einer jungen *Rossomyrmex*-Königin besteht darin, ein Nest ihrer Wirtsspezies (der eng verwandten Gattung *Proformica*) aufzuspüren. Sie dringt unbehelligt ein, indem sie durch die Dufoursche Drüse in ihrem Hinterleib Pheromone absondert, die das natürliche Verteidigungsverhalten der Wächterinnen unterdrücken. Sie tötet die *Proformica*-Königin und beginnt mit der Ablage ihrer Eier, die von den Wirtinnen, deren Aktivitäten sie chemisch kontrolliert, gehegt werden.

Braucht die parasitierte Kolonie neue Arbeiterinnen, schwärmt ein Trupp neuer *Rossomyrmex*-Späherinnen aus. Wenn eine von ihnen ein *Proformica*-Nest entdeckt, hinterlässt sie auf dem Heimweg eine Pheromonspur, der ihre Schwestern folgen können. Dann rückt eine ganze Armee von *Rossomyrmex*-Arbeiterinnen aus, die aus dem fremden Nest zahllose Larven und Puppen rauben. Wenn dann die Jungameisen schlüpfen, geraten sie sofort in den Botenstoffbann der *Rossomyrmex*-Königin und verwenden zeit ihres Lebens ihre gesamte Energie allein auf den Fortbestand von *Rossomyrmex*.

Unabhängig davon, ob wir es für richtig halten, diese entführten Ameisen »Sklaven« zu nennen, ist es hochinteressant, dass sie nicht mit körperlicher Gewalt zur Arbeit gezwungen werden, sondern durch Bewusstseinskontrolle. Der Begriff ist durchaus treffend, denn es deutet vieles darauf hin, dass diese winzigen Insekten ein (Selbst-)Bewusstsein haben. Wie effizient eine Kolonie funktioniert, hängt stark von den Pheromonen ab, mit denen Königin und Arbeiterinnen das Verhalten der anderen beeinflussen. Manche Spezies können Invasoren so verwirren, dass die feindlichen Ameisen sich gegenseitig töten. So wird eine der größten Stärken zum Schwachpunkt eines ansonsten höchst eindrucksvollen Sozialsystems.

Teamtaktiken

Kaum ein wildes Tier hatte einen so großen Einfluss auf die Menschheit wie der Wolf. Wir haben den Lebensraum mit ihm geteilt, seit wir unsere afrikanische Ursprungsheimat verlassen haben und in die Wälder und Tundren Eurasiens und Nordamerikas gezogen sind. Unsere Sagen und Märchen erzählen von unserer Furcht vor dem Wolf, und selbst heute noch erschauern Stadtbewohner, die nie einem wilden Wolf begegnen werden, wenn sie in einem Film sein Geheul hören. Jeder Hund, der sich auf dem Sofa einer menschlichen Behausung rekelt, ist ein direkter Nachfahre des Wolfs. Als wir vor rund 23 000 Jahren begannen, den Wolf zu domestizieren (als erstes Tier überhaupt und bis heute als einzigen großen Beutegreifer), haben wir die Entwicklung einer außerordentlich komplexen und bereichernden Interspezies-Beziehung angestoßen. Doch die kraftvolle Wildheit eines frei lebenden Wolfes fasziniert uns noch immer.

Die bevorzugte Beute der Wölfe sind Hirsche jeder Art. Wenn sie einen großen Wapiti oder Elch erbeuten, müssen sie tagelang nicht mehr jagen. Im Rudel greifen sie auch Bisons oder Wisente an, die wesentlich mehr Fleisch mit sich herumtragen, aber auch wehrhafter sind. Der Wolf ist an eine Darben-oder-Völlerei-Lebensweise angepasst. Er kann 9 Kilo Fleisch auf einmal verschlingen (bei einem Eigengewicht von etwa 40 Kilogramm), aber auch einige Tage mit leerem Magen kraftraubende Jagdversuche unternehmen. Er ist sehr ausdauernd und kann stunden- und manchmal sogar tagelang seine Beute verfolgen. Er kommt auch mit anhaltender Enttäuschung zurecht – seine Erfolgsquote liegt bei bestenfalls 10 Prozent. Natürlich haben Wölfe die Option, sich eine leichte Beute auszusuchen, doch in arktischen Regionen ziehen viele kleine Tiere sich im Winter in Höhlen zurück oder ganz davon (viele in der Arktis brütende Vögel etwa fliegen im Herbst nach Süden). Deshalb haben sie nur, solange sie ihre Jungen aufziehen, ein Revier, im Winter aber folgen sie den Herden der Großtiere, die selbst auf Nahrungssuche sind.

Eine Gruppe von Wölfen, die zusammen jagen und leben, wird als Rudel bezeichnet, und beim Wort »Wolfsrudel« denken wir sofort an Dominanz, reibungslose Teamarbeit und Gefahr. Der Alpha-Wolf gehört allerdings ins Reich der biologischen Mythen: Ein Wolfsrudel ist eine Familie und besteht aus einem Elternpaar (Wölfin und Rüde), das die übrigen Rudelmitglieder bei der Jagd anführt und auch vor ihnen fressen darf, und seinen Nachkommen der letzten zwei bis drei

Wölfe sind für uns die Rudeljäger schlechthin, doch viele ziehen es vor, alleine Jagd auf verhältnismäßig leichte Beute zu machen.

Im Rudelteam können Wölfe große Beutetiere erlegen, doch der einsame Wolf hat bei der Jagd den größeren Erfolg.

Jahre, unter denen eine eigene Hierarchie herrscht. Das rangniedrigste Tier wird am meisten getriezt, ist aber auch dasjenige, das die anderen am häufigsten zum Spielen auffordert. Meistens umfasst ein Rudel acht adulte und jugendliche Tiere. Die Jungwölfe verlassen ihr Geburtsrudel in der Regel, wenn sie zwei oder drei Jahre alt (und geschlechtsreif) sind, bei kargem Nahrungsangebot aber auch schon mit knapp einem Jahr. Eine Zeit lang ziehen sie dann als einsamer Wolf umher, bis sie einem einsamen Wolf des anderen Geschlechts begegnen und eine eigene Familie gründen.

Nur gemeinsam stark?

Eine typische Winterjagd beginnt in der Abenddämmerung und kann die ganze Nacht andauern. Die Wölfe laufen dann rund 9 Kilometer in der Stunde und können ein Tempo von 50 Kilometern pro Stunde mindestens 20 Minuten durchhalten. Das Rudel wird schneller, wenn es sich der Beute genähert beziehungsweise ein Individuum (meist ein altes, krankes oder junges Tier) aus einer Herde ausgewählt hat. Die Jäger sondern es ab, kreisen es ein, und dann springen die ersten das Beutetier an und beißen in sein Hinterteil. Ist es ausreichend geschwächt, packen ein oder mehr Wölfe es am Kopf und ringen es zu Boden.

Dieses Absondern und Einkreisen der Beute scheint eine komplexe Kommunikation zwischen den Rudelmitgliedern vorauszusetzen. Doch eine Computersimulation hat gezeigt, dass ein »virtuelles Wolfsrudel« dieses Verhalten nachahmt, wenn man seine Mitglieder zwei simplen Regeln folgend programmiert. Regel 1: Annähern an die Beute auf kurze, aber sichere Distanz (abhängig von der Wehrhaftigkeit der Beute). Regel 2: Auf Abstand zu anderen Mitjägern gehen, die ebenfalls ihre Position eingenommen haben. In der realen Wildnis hält sich so mancher Wolf zurück und wartet ab, ob ein anderer den riskanten ersten Angriff wagt. Dieses Ausscheren wirkt sich natürlich auf den Erfolg des Rudels als Einheit aus.

Da verwundert es nicht allzu sehr, dass Paare und einsame Wölfe oft erfolgreicher jagen als große Rudel, und selbst Wölfe, die in einem Rudel leben, im Sommer meist allein auf Jagd gehen. Vielleicht fühlen sich junge Wölfe, die ihr Geburtsrudel verlassen haben und sich auf leichte Beute konzentrieren, durch ihre Erfolge ermutigt, noch längere Zeit als Solo-Jäger umherzuwandern, während sie nach einem passenden Partner oder einer Partnerin Ausschau halten. Die Zugehörigkeit zu einem Rudel bringt eindeutige Vorteile, doch wer es nicht als Leittier anführt, muss damit leben können, sich ständig unterzuordnen.

Wir sehen Wölfe als schnelle Hetzjäger vor uns, doch nach Möglichkeit schonen sie ihre Kräfte und legen sich auf die Lauer. Etwa wenn sie Biber fangen wollen.

Da Biber eine sehr feine Nase haben und gut hören, aber schlechte Augen, schleicht sich ein Wolf gegen den Wind an eine Biberburg an und wartet bis zu zwölf Stunden regungslos darauf, dass ein Nager die Burg verlässt und in Reichweite trottet oder schwimmt. Wenn man bedenkt, dass 75 Prozent der dokumentierten Jagdversuche dieser Art scheitern, wirkt diese Geduld noch beeindruckender.

Aus dem Erbgut nur das Beste

Sämtliche Eigenschaften des domestizierten Hunds leiten sich vom wilden Wolf ab. Durch selektive Züchtung (und die eine oder andere Genmutation) wurden sie aus demselben Grundgenom zur Wirkung gebracht. Doch etwas ging dem Hund im Laufe der Evolution verloren: Ein wolfsgroßer Hund hat ein erheblich kleineres Gehirn als sein wilder Vorfahre. Dieses Phänomen ist bei vielen domestizierten Tierspezies zu beobachten, doch daraus folgt nicht unbedingt, dass es ihnen an Intelligenz mangelt – es bedeutet lediglich, dass bestimmte Gehirnregionen, wie die für Aggression und Angst zuständigen, kleiner sind. Gewisse Eigenschaften sind für Haustiere nicht mehr überlebenswichtig und aus Sicht der Menschen eher unerwünscht. Wir haben den Charakter des Wolfs durch selektive Züchtung nach unseren Wünschen geformt, doch viele der besten Eigenschaften unserer Hunde sind noch immer pur wölfisch.

PUTZERLIPPFISCH *LABROIDES DIMIDIATUS*

Eine schleimige Masche

Was tun Sie, wenn Ihr Auto dreckig ist? Sie fahren in eine Waschanlage. Es kostet nicht viel, Ihr Fahrzeug glänzt hinterher und demonstriert potenziellen Kunden, was sie erwarten dürfen. Alle haben etwas davon. Aber was wäre, wenn Ihnen ein Autowäscher einen Seitenspiegel oder einen Scheibenwischer klaute?

Putzerfische wie der kleine, blau gestreifte Putzerlippfisch warten in Korallenriffen grüppchenweise an *Putzerstationen* auf »Fisch-Kunden«. Die schauen vorbei und erlauben den Putzerfischen, ihre Körper nach parasitären Krebstieren abzusuchen. Die Putzer ernähren sich von den Parasiten, und die Kunden sind froh, sie los zu sein. Doch die Kunden verfügen über etwas, das für ein Putzerlippfischweibchen noch reizvoller ist – nährstoffreichen Körperschleim, den das Weibchen braucht, wenn es laichreif wird. Und weil es bis zu 1000 Eier auf einmal legt, ist sein Appetit auf Schleim groß.

Sobald ein Kunde erkennt, dass ein Putzer seinen Schleim klaut, macht er sich davon. Die Putzerfische müssen daher gründlich abwägen, wen sie hereinlegen. Die bevorzugten Opfer sind größere Fische, die mehr Schleim anbieten, und die Putzerfische locken sie mit demonstrativ ehrlichen Dienstleistungen für kleinere Kunden an. Je abgelegener und somit gefragter eine Putzstation ist, desto mehr Schleim zocken sie ab. Nur die großen Raubfische, deren Missfallen tödlich enden kann, werden nie betrogen.

Es ist für alle Putzer schlecht, wenn Kunden, die den Betrug entdecken, einen großen Bogen um die Station machen, vor allem für die männlichen, die so gut wie nie Schleim stibitzen. Ertappt ein männlicher Putzerlippfisch eine Kollegin dabei, dass sie sich mehr nimmt, als sie sollte, stürzt er sich aggressiv auf sie – und sie benimmt sich danach eine Zeit lang tadellos. Das könnte man als praktisch angewandten Moralkodex auslegen – ein Fehlverhalten wird zum Wohle aller bestraft. Natürlich handelt das Männchen aus Eigennutz, es will seine Nahrungsversorgung sichern und sich nicht etwa für die betrogenen Kunden starkmachen – aber mal ehrlich, funktioniert unser Moralkodex so viel anders?

Der Putzerlippfisch liebt nicht nur krumme Touren, er bestand auch den Spiegeltest (*siehe* Seite 132): Probanden mit markierten Köpfen versuchten sich zu säubern, als sie ihr Spiegelbild sahen.

7

RESILIENZ

Mentale Stärke

Eine kurze Filmsequenz von einer Überwachungskamera aus dem kalifornischen Bakersfield ging 2014 viral. Sie zeigte einen vierjährigen Jungen, der vor seinem Haus Fahrrad fuhr. Plötzlich sprang ein Nachbarshund ins Bild, packte den Jungen und riss ihn zu Boden. Dann stürzte sich eine Katze – Tara, die, wie sich später herausstellte, der Familie des Jungen gehörte – auf den Hund und schlug ihm sämtliche Krallen in den Nacken. Der Hund ließ von dem Kind ab und floh – von der Katze verfolgt, die gleich darauf zu dem Jungen zurückkam.

Der Vorfall dauerte nur wenige Sekunden. Der Junge musste genäht werden, doch ohne Taras Eingreifen hätte es noch viel schlimmer ausgehen können. Die Anhänglichkeit dieser Katze an ihre Familie ist rührend, und manch einer unter uns mag sich schämen, dass er bisher nicht an die Loyalität von Katzen glaubte, doch wirklich bewundernswert ist der schiere, wild entschlossene Mut, mit dem Tara, trotz der Gefahr für ihr eigenes Leben, einen wesentlich größeren Beutegreifer angriff. Und im Tierreich lassen sich zahllose Beispiele ähnlicher mentaler Stärke finden.

Für viele Tiere bedeutet das Überleben, ihr Leben quasi minütlich aufs Spiel zu setzen. Jeder Beutegreifer muss angreifen und töten, um fressen zu können; jedes Beutetier muss unter den gierigen Augen der Räuber auf Nahrungssuche gehen. Diese Gefahren sind unvermeidlich. Doch es gibt Möglichkeiten, sie auszutarieren. Jeden Tag müssen sich Tiere zahlloser Spezies etliche Male entscheiden: Sollen sie ein Risiko eingehen und, wenn alles gut geht, eine Belohnung einheimsen, oder sollen sie auf Nummer sicher gehen und auf die Belohnung verzichten?

Angst und Stress strapazieren Körper und Geist. Wer sich immer wieder extremen Gefahren aussetzt, muss sowohl über physische wie auch über mentale Stärke verfügen. Das gilt auch für nicht so extreme, dafür aber lang andauernde Gefahrensituationen, bei denen Ausdauer gefragt ist, wie zum Beispiel eine weite und anstrengende Reise oder eine Hungerperiode. Manche Spezies führen ein Leben, das ihnen immer wieder alles abverlangt, und nur die Zähesten und Widerstandsfähigsten werden überleben.

Studien über diverse Spezies belegen, dass es bei Risikobereitschaft und Stresstoleranz erhebliche individuelle Unterschiede gibt. Eine britische Studie ergab zum Beispiel, dass manche brütenden Kohlmeisenweibchen auf ihren Eiern hocken blieben, wenn sich jemand dem Nest näherte, andere hingegen flohen. Und nachdem ein Sperber Kohlmeisen von einem Futterhäuschen vertrieben hatte, trauten sich manche früher zurück als andere. Wenn es um den unterschiedlichen Umgang mit Gefahren und Stress geht, brauchen wir uns nur unsere eigene Spezies anzusehen. Risikobereite mögen ihre Überlebenschancen mindern, aber dafür stehen die Chancen gut, dass sie mehr Erfolg haben als die Vorsichtigen. Im Fall von intelligenten sozialen Spezies, deren Individuen voneinander lernen, wie unserer, kann der große Erfolg eines Einzelnen einen Fortschritt für die ganze Gemeinschaft bedeuten. Andererseits kann ein Fehlschlag allen als Mahnung zur Zurückhaltung dienen: »Kein Risiko, kein Ruhm« gegen »Hochmut kommt vor dem Fall.«

Eine mit gefangenen Kohlmeisen durchgeführte Studie zeigte, dass Veränderungen eines einzelnen Gens sich darauf auswirken, wie bereitwillig die Vögel neue Objekte in ihrer Umgebung untersuchen. In einem gefährlichen Umfeld haben die Vorsichtigen die besseren Chancen. Bei geringer Gefahr, dafür aber mehr günstigen Gelegenheiten aller Art, erfreuen sich die Risikofreudigen einer besseren Gesundheit und eines größeren Fortpflanzungserfolgs. Wenn man dies auf ein diverses Ökosystem überträgt, erkennt man, wie die Evolution die Resilienz jeder einzelnen Spezies auf andere Weise formt.

HONIGDACHS *MELLIVORA CAPENSIS*

Der ultimative Kämpfer

Welches ist das am meisten gefürchtete Tier in ganz Afrika? Manche würden sagen: der Löwe, andere: das Flusspferd, und ein paar Oberschlaue führten die Malariamücke an. Ein oder zwei würden vielleicht respektvoll »Honigdachs« flüstern und auf Nachfrage ein so zähes, furchtloses und starkes Tier beschreiben, dass wir Menschen dem Schicksal danken sollten, das es nur knapp einen Meter lang und selten schwerer als 15 Kilogramm werden ließ.

Der Honigdachs lebt fast überall in Afrika, auf der Arabischen Halbinsel und in Indien. Er gehört zur Familie der Marder, doch im Unterschied zum schlanken, geschmeidigen Mauswiesel, dem wir etwas später begegnen werden (*siehe* Seite 179), ist er wie ein kleiner Panzer gebaut. Er ist nicht der Schnellste und viel kleiner als die vielen anderen Beutegreifer in seinem Habitat, doch dafür ist er nahezu unverwüstlich. Seine extrem dicke, locker hängende Haut macht es anderen Tieren fast unmöglich, ihn zu packen, zu halten oder ihn mit Krallen, Zähnen oder Stacheln zu verletzen. Zu seinen eigenen Waffen zählen lange, scharfe Krallen und ein starker Kiefer, der seinen Biss kräftiger macht als den eines Löwen. Im Grunde ist er gar nicht so räuberisch, sondern ernährt sich vorwiegend von Insekten, Aas und Früchten, doch er kann auch diverse Wirbeltiere töten, und man sollte lieber keinen Streit mit ihm anfangen. Selbst die gefährlichste afrikanische Giftschlange, die Schwarze Mamba, zieht bei einem Kampf den Kürzeren.

Auf einem 2020 in Sambia aufgenommenen Video ist zu sehen, wie sieben Löwinnen vergeblich versuchen, zwei Honigdachse zu erbeuten. Vielleicht vertrauten sie darauf, dass sie in Überzahl waren. Einer Löwin gelingt es, einen der Honigdachse mit den Zähnen zu packen, doch der Honigdachs beißt sofort zurück. Die Löwin lässt ihn fallen und weicht schnell aus, als der Honigdachs – weit davon entfernt, vor Angst gelähmt zu sein – mit aufgerichtetem Schwanz und gebleckten Zähnen auf sie losgeht. Ähnliche Videos im Internet zeigen Honigdachse, die Leoparden und Tüpfelhyänen einschüchtern. Dieses Tier weiß genau, wie viel Körperkraft es besitzt, und seine mentale Stärke befähigt es, jederzeit den Kampf gegen jeden Gegner aufzunehmen.

Der Honigdachs verfügt mit seinen Krallen und Zähnen über extrem scharfe Waffen und ist in seinem Glauben an sich selbst unerschütterlich.

Die Mythen der amerikanischen First Nations erzählen von der großen Weisheit des Raben, aber auch von seiner Tollkühnheit.

KOLKRABE *CORVUS CORAX*

Der mit dem Tod tanzt

In der Vogelwelt hat der Kolkrabe wohl das hellste Köpfchen. Seine eindrucksvollen kognitiven Fähigkeiten haben wir bereits kennengelernt (*siehe* Seite 31), und wenn man bedenkt, wie anpassungsfähig diese Spezies ist, wundert es nicht, dass sie auch außerordentlich neugierig und (falls nötig) außerordentlich mutig ist. Wirklich mutig zu sein heißt nicht, sich kopflos in eine gefährliche Situation zu stürzen, sondern vielmehr, die Risiken abzuwägen und entsprechend zu handeln. Wenn man ein Leben führt, das einen mit schöner Regelmäßigkeit vor solch eine Entscheidung stellt, ist es ratsam, sich übend darauf einzustellen. Kolkraben stellen ihre Fähigkeiten spielerisch auf die Probe.

Beim Spielen können Überlebensfertigkeiten in einem sicheren Rahmen erlernt werden. Es verspricht nicht dieselben Chancen auf eine Belohnung wie der Ernstfall, dafür birgt es weniger Risiken. Eine Katze spielt nur dann mit einem Beutetier, wenn es tot oder schwer verletzt ist. Die Belohnung, sprich ihre Mahlzeit, ist ihr sicher und so kann sie die Gelegenheit nutzen, um ihre Jagd- und Tötungsmethoden zu verfeinern. Lämmer springen und tollen herum, wenn sie sich sicher fühlen – wenn Gefahr drohte, stünden sie aufmerksam still oder liefen um ihr Leben. Doch das spielerische Lernen, wie man mit Gefahren umgeht, ist nicht ohne Risiko.

Wie in Kapitel 1 bereits erwähnt, sind Kolkraben akrobatischen Flugspielen mit Wanderfalken nicht abgeneigt. Die beiden Spezies teilen sich den Lebensraum in den wilden, bergigen Regionen und an den Steilküsten des nördlichen Eurasiens und Nordamerikas (sind aber immer häufiger auch im urbanen Raum zu finden). Wenn sie sich in der Luft begegnen, ist es nicht ungewöhnlich, dass der Rabe den Falken wie einen Artgenossen behandelt und zum Spielen auffordert. Er verfolgt den Falken, dann steigt er auf und fliegt über ihm, bis er sich hinabfallen lässt und sich unter dem Falken auf den Rücken dreht und ihm im Flug seinen Bauch darbietet. Manchmal zwickt der Rabe sogar in die Flügelspitzen oder den Schwanz des Falken. So ein Spiel treiben Kolkraben auch mit anderen Vogelspezies wie etwa Rabenkrähen, doch von einer Rabenkrähe droht dem Kolkraben keine Gefahr, von einem Wanderfalken schon.

Dieses Verhalten unterscheidet sich deutlich vom Hassen (der englische Fachbegriff »mobbing« klingt nicht so brachial wie der deutsche), wenn etwa mehrere Individuen einer Beutespezies versuchen, einen Greifvogel durch Scheinattacken zu vertreiben. Das ist gefährlich, doch Vögel hassen einen Greifvogel in der Regel nur, wenn sie annehmen dürfen, dass er nicht in Jagdlaune ist – zum Beispiel eine schlafende Eule oder ein Falke, der schon eine Beute in den Fängen trägt (oder mit seinem gewölbten Kropf anzeigt, dass er gerade gefressen hat). Außerdem hassen sie für gewöhnlich in Gruppen und reduzieren so das Risiko für das einzelne Individuum. Der Wanderfalke, den der Kolkrabe spielerisch im Flug herausfordert, schlägt seine Beute in der Luft, indem er im rasanten Sturzflug hinabstößt und sie mit solcher Wucht trifft, dass sie meist augenblicklich getötet wird. Daher schlagen Wanderfalken oft Beutevögel, die größer und schwerer sind als sie selbst – und als ein Kolkrabe. Wenn er unter dem Falken fliegt, scheint der Rabe ihn geradezu zu seiner typischen Attacke herauszufordern. Und doch enden diese Begegnungen nur selten blutig. Sollte der Falke zum Sturzflug ansetzen, kann der Rabe, der seinen Gegner keine Sekunde aus den Augen lässt, Ausweichmanöver fliegen. Also verzichten die Wanderfalken meist darauf. Sie wissen, dass ihre Erfolgschancen höher sind, wenn ihre Beute weniger agil und aufmerksam ist. Es ist schwer zu sagen, ob Wanderfalken dieses Spiel der Raben irritiert. Auf die Anwesenheit von Raben in der Nähe ihrer Nester reagieren sie jedenfalls aggressiv (Raben sind wie alle Krähenvögel Allesfresser und holen Eier und Küken aus unbewachten Nestern). Manchmal jedoch nisten Wanderfalken in der Nähe von Raben. Wahrscheinlich machen sie es sich zunutze, dass Raben sofort auf jeden Eindringling in ihr Brutrevier reagieren.

Was aber hat der Rabe von diesem Kampfspiel mit dem Wanderfalken? Kolkraben haben kaum Feinde, doch ein Wanderfalke kann einen unaufmerksamen Raben töten und ist eine mögliche Bedrohung für seine Küken. Den örtlichen Wanderfalken aus jedem Blickwinkel zu kennen, zu wissen, wie er sich in verschiedenen Situationen verhält, welche Anzeichen verraten, dass er in den Sturzflug übergeht, und wie viel Zeit dann für die Flucht bleibt – das alles sind potenziell lebensrettende Informationen, die der Rabe im Gedächtnis abspeichern kann. Studien haben gezeigt, dass sich diese hochintelligenten Vögel noch Jahre später an die wesentlichen Aspekte einer gefährlichen Begegnung erinnern können.

Vergiss mein nicht

2011/2012 untersuchte Christian Blum an der Universität Wien, wie in Gefangenschaft aufgezogene Raben auf einen »gefährlichen« und einen »neutralen« Menschen reagierten, die an ihren Volieren vorbeigingen. Die Menschen trugen dieselbe Kleidung und waren nur anhand ihrer Gesichtsmasken voneinander zu unterscheiden. Wenn der Experimentator die gefährliche Maske trug (schwarzes Haar, Schnurrbart, zähnebleckendes Grinsen), trug er auch einen toten Raben in der Hand. Trug er die neutrale Maske (dunkelrotes Haar, bartlos, nicht grinsend), hatte er nichts in den Händen. Ansonsten glichen sich die Masken, sie zeigten das

Gesicht eines weißen Europäers mit ähnlich langem Haar, ähnlicher Augenbrauenform usw. Die meisten Raben lernten sehr schnell, sie zu unterscheiden, und stießen Alarmrufe aus, auch als der »gefährliche« Mensch keinen toten Vogel mehr mit sich trug. Selbst sechs Jahre nach der ursprünglichen Versuchsreihe erinnerten sich die Vögel noch daran und warnten vor der »gefährlichen« Maske.

Es ist offensichtlich, dass sein gefährliches Spiel mit dem Wanderfalken dem Kolkraben ermöglicht, sich auf zukünftige potenziell tödliche Begegnungen einzustellen. Doch spürt er dabei einen Nervenkitzel, der ähnlich intensiv ist wie bei Menschen, die ebenfalls risikoreich spielen? Verhaltensweisen, die uns helfen zu überleben, ziehen häufig neurochemische Belohnungen nach sich, sei es das Gefühl der Geborgenheit, wenn wir Freunde gewinnen, oder der Befriedigung nach einer leckeren, sättigenden Mahlzeit. Wenn wir etwas riskieren, um unsere Fähigkeiten zu verbessern, und Erfolg haben, belohnt uns unser Gehirn mit Glücksgefühlen und Stolz. Wir bekommen diesen Kick, wenn wir als Freeclimber an einer nackten Felswand hinaufklettern oder ohne Atemmaske tauchen oder vor einem großen Publikum eine Rede halten. Vielleicht bekommt der Kolkrabe einen Kick, wenn er einem tödlichen Kampfflieger in den Schwanz zwickt.

SCHNEELEOPARD *PANTHERA UNCIA*

Sehenden Auges in den Abgrund

Die beiden Tiere preschen im Filmausschnitt nur als verschwommene Flecken durch eine schneebedeckte felsige Landschaft von rauer Schönheit. Die Kamera zoomt heran, und wir erkennen ein Bharal (Blauschaf), das in rasendem Lauf auf eine Felskante zuhält. Unfähig abzustoppen oder die Richtung zu ändern, stürzt es in die Tiefe. Aber in ebendiesem Moment springt seine Verfolgerin, eine Schneeleopardin, in den Abgrund, packt das Schaf und verbeißt sich im freien Fall in ihre Beute. Sie schlagen hart auf den Hang auf, werden auseinandergeschleudert und kommen (wundersamerweise) beide wieder auf die Beine. Das Schaf rennt los, doch nur für Sekunden. Die Katze springt auf seinen Rücken, zwingt es zu Boden, und dann purzeln sie in rasendem Tempo den felsübersäten Steilhang hinab.

Das Ende scheint für beide vorprogrammiert zu sein – mit zerschmetterten Knochen und gebrochenen Hälsen. Trotzdem lässt die Schneeleopardin nicht vom Bharal ab. Wenn wir uns das Ganze in Zeitlupe ansehen, erkennen wir, wie sie sich in der Luft dreht und wendet, um ihre Position so zu ändern, dass ihr Opfer unter ihr liegend jeden Aufprall abfedert. Als sie schließlich in ebenerem Gelände zum Halten kommen, ist das Bharal schwer verletzt. Auch die Schneeleopardin ist verletzt und erschöpft, aber sie hat immer noch genug Kraft, um ihre Beute zu töten und an einen sicheren, geschützten Ort zu schleifen. Nun kann sie fressen und sich erholen. Diese unglaublichen Szenen wurden im Himalaja gedreht. Nie zuvor war es gelungen, die Jagd eines Schneeleoparden auf Film zu bannen.

Das Jagen birgt für viele Beutegreifer große Risiken, doch für gewöhnlich geht die Gefahr von einem besonders wehrhaften Beutetier aus, nicht von der Landschaft. Eine extremere Jagderfahrung kann man sich kaum vorstellen: Die Schneeleopardin stürzt sich lieber in den Abgrund, als auf eine Mahlzeit zu verzichten, und packt ihre Beute mitten im tiefen und aller Wahrscheinlichkeit nach tödlichen Fall. Doch der Schneeleopard ist in dieser extrem wilden Landschaft der Alpha-Beutegreifer, und die Beutetiere sind hier rar, also darf er sich keine Chance entgehen lassen und keine Zeit aufs Zögern verschwenden.

Sein herrliches dichtes Fell macht den Schneeleoparden gegen bittere Kälte immun und dank seiner furchtlosen Entschlossenheit überlebt er in einer Region, in der nur wenige, dafür sehr agile Beutetiere heimisch sind.

Ein Schneeleopard riskiert fast jedes Mal sein Leben, wenn er ein Bharal jagt.

Wer hätte das gedacht – das Mauswiesel gehört zu den erfolgreichsten Beutegreifern unseres Planeten, und sein Ehrgeiz übertrifft seine Körpergröße bei Weitem.

MAUSWIESEL *MUSTELA NIVALIS*

David und Goliath

Wenn wir an mutige Tierspezies denken, lenkt unsere natürliche Voreingenommenheit uns auf die Jäger – Löwen, Leoparden, Wölfe oder Bären. Sie erscheinen uns mutig, weil sie die Initiative ergreifen, sie starten den Angriff. Diese vier gehören zur Säugetierordnung der *Carnivora* (Raubtiere) und ihre Größe und Stärke lässt uns wissen, dass wir sie fürchten sollten und dass sie sich (solange wir unbewaffnet sind) nicht vor uns fürchten müssen. Meistens fürchten sie uns trotzdem. Auf der Suche nach einem wahrlich furchtlosen Beutegreifer sollten wir nicht bei den größten, sondern beim kleinsten anfangen: dem Mauswiesel.

Das Mauswiesel ist fast überall auf der nördlichen Hemisphäre heimisch. Seine Größe variiert je nach Region stark, die stattlichsten Männchen der größten Unterart wiegen dennoch nur etwa 200 Gramm, während die adulten Weibchen der kleinsten Unterart auf gerade einmal 28 Gramm kommen. Mauswiesel gehören zur Familie der *Mustelidae* (Marderartigen), zu der auch Otter, Dachse, Marder, Stinktiere und der kräftige Vielfraß zählen. Ihre Mitglieder zeichnen sich sämtlich durch eine Forschheit, die an Leichtsinn grenzt, aus. Diese Eigenschaft scheint beim Mauswiesel in erstaunlich konzentrierter Form vorzuliegen, denn es fürchtet nichts und niemanden, wahrscheinlich auch keinen Löwen, Wolf, Leoparden oder Bären.

Stellen Sie sich eine Maus oder Wühlmaus vor, die eine Weile auf einer Streckbank lag, und Sie bekommen eine recht genaue Vorstellung von der Statur des Mauswiesels. Es hat kurze Beine, aber einen langen, geschmeidigen Körper, und diese schmale, wendige Gestalt ermöglicht es ihm, seine bevorzugte Beute (die erwähnten Mäuse und Wühlmäuse) durch ihre Tunnel und jede noch so winzige Spalte zu verfolgen. Wenn es sein Opfer einholt, beißt es ihm sofort in den Nacken. Dabei üben seine kurzen, aber starken Kiefer eine Kraft aus, die proportional viel größer ist als bei den meisten mächtigeren Beutegreifern.

Obwohl die Evolution es zum perfekten Mäusemampfer geformt hat, hat das Mauswiesel weiter gespannte räuberische Ambitionen. Diese Spezies ist in diversen Habitaten zu Hause, auch im hohen Norden, der im Winter schneebedeckt ist (das Wiesel trägt dazu passend ein weißes Fell). Kleine Nagetiere überwintern dort gut geschützt unter dicken Lagen von Schnee und Erde. Das Mauswiesel muss also sein Beuteschema anpassen können, und es stellt sich dieser Herausforderung mit der für es charakteristischen Hemmungslosigkeit. Auf der sehr langen Liste dokumentierter Beutetiere stehen unter anderem Feldhasen und Auerhühner. Erstere sind bis zu 5 Kilo schwer, Letztere sind die größten Mitglieder der Familie der Fasanenartigen, deren Hähne durchschnittlich 4 Kilo wiegen. Jeder andere Räuber würde zumindest einen Moment lang zögern, bevor er sich auf etwas stürzte, das 25-mal schwerer ist als er selbst, doch das Konzept »Zögern« ist dem Mauswiesel fremd.

Ein wilder Ritt

Selbst Mauswiesel werden bisweilen von größeren Beutegreifern gejagt, eine leichte Beute sind sie aber keinesfalls. Graureiher jagen häufig in Wiesen, sie stehen ganz still, bevor sie blitzschnell auf alles herabstoßen, was sich durchs Gras bewegt. Das ist kein Problem, wenn es sich dabei um einen Frosch oder eine Wühlmaus handelt, aber bei einem Mauswiesel entbrennt ein denkwürdiger Kampf. Das Wiesel versucht nicht etwa, sich zappelnd zu befreien, sondern es windet sich um den langen Schnabel des Jägers und beißt den Vogel wütend ins Gesicht. Oft weiß sich der Reiher nicht anders zu helfen, als den winzigen Satansbraten abzuschütteln.

Der berühmteste Wiesel-contra-Vogel-Moment eroberte 2015 das Internet. Der britische Hobbyfotograf Martin Le-May hatte bei einem Spaziergang in einem Park im Osten von London einen sehr aufgeregten, fliegenden Grünspecht entdeckt, der einen kleinen, pelzigen Passagier Huckepack trug. Er machte einige Fotos, und auf der schärfsten Aufnahme war zu erkennen, dass es sich bei dem Passagier um ein Mauswiesel handelte. Viele Skeptiker behaupten noch heute, dieses Foto sei ein Fake, doch die übrigen Bilder und die Interviews mit Le-May überzeugten die Fachleute von seiner Echtheit. Das einzig Erstaunliche an dieser Geschichte ist – jedenfalls für Mauswieselkenner –, dass der Specht mit dem nur unwesentlich kleineren Wiesel auf dem Rücken überhaupt abheben konnte. Dass der Räuber den Specht angriff und von ihm auch nicht abließ, als er losflog, entspricht ganz und gar der außergewöhnlichen Persönlichkeit des Mauswiesels. Der Grünspecht landete übrigens und das (vielleicht von Le-May abgelenkte) Wiesel lockerte seinen Griff lange genug, um dem Vogel die Flucht zu ermöglichen.

Auf Hochtouren

Wieso ist das Mauswiesel so unverfroren? Menschen, die Babywiesel mit der Hand aufzogen, beschreiben ein Tier, das ungeheuer neugierig und abenteuerlustig ist. Jede Ritze und Spalte in seiner Umgebung wird erkundet, jede Gelegenheit zu klettern und zu springen genutzt, und alles spielt sich in rasendem Tempo ab. Mit der Geschwindigkeit läuft auch der Stoffwechsel *(Metabolismus)* auf Hochtouren. Ein Mauswiesel muss täglich ein Drittel seines Körpergewichts an Nahrung fressen, um fit und gesund durch sein kurzes Leben zu eilen (nur 10 Prozent der wilden Mauswiesel erreichen das dritte Lebensjahr). Also verbringt es fast jeden wachen Moment damit, auf Beutefang zu gehen, zum Grübeln hat es schlicht und einfach keine Zeit. Größere Beutegreifer haben einen ausgewogeneren Energiehaushalt und leben länger, sie können sich Ruhe gönnen. Eine ähnlich rasante Lebensart hat auch eine andere Familie sehr kleiner Säugetiere: die der Spitzmäuse, unter ihnen die winzigste Säugetierart der Welt, die nur 2 Gramm leichte Etruskerspitzmaus. Auch diese Insektenfresser kennen keine Furcht. Ihr Stoffwechsel ist sogar noch schneller als der des Mauswiesels, ihr Herz schlägt regelmäßig mehr als 1000-mal pro Minute. Folglich müssen sie, um überleben zu können, täglich *mehr* fressen, als sie wiegen, und töten auch Insekten und Wirbellose, die genauso groß sind wie sie.

Für winzige Jäger wie das Mauswiesel ist extremer Mut daher ein evolutionäres und metabolisches Muss. Dieses Merkmal hat auch Einzug in menschliche Mythen gefunden. In Alaska erzählt man sich von einem gestaltwandelnden Helden, der immer dann, wenn er vor einer Aufgabe steht, die großen Mut erfordert, zum Mauswiesel wird. Mauswiesel sollen auch die einzigen Lebewesen sein, die es mit dem gefürchteten Wendigo der nordamerikanischen indigenen Folklore aufnehmen können. Der Wendigo wird als riesiger, grausiger Dämon beschrieben, der Menschen verschlingt. Doch ein Mauswiesel kann ihn außer Gefecht setzen, wenn es in seinen Anus flitzt. – Das dürfte seine kurioseste Heldentat sein.

Siege müssen nicht immer martialisch sein. Für die Pfuhlschnepfe hängt beim langen Transpazifikflug alles von ihrem zähen Durchhaltevermögen ab.

PFUHLSCHNEPFE *LIMOSA LAPPONICA*

So weit die Flügel tragen

Ein Watvogel fliegt über den Pazifik. Unter seinen Flügeln zieht der Ozean langsam vorbei. Wer schon einmal auf einem Langstreckenflug war, kennt das: Beim Blick aus dem Fenster sieht man von Horizont zu Horizont nichts als Wasser. Nach ein paar Stunden hat sich die Freude am Fliegen, oder die Angst davor, verflüchtigt und man langweilt sich unendlich.

Und nun stellen Sie sich vor, Sie wären auf so einem Flug und es würde kein Film gezeigt. Es gäbe keine Musik, der Sie lauschen und nicht einmal ein Duty-free-Magazin, in dem Sie blättern können. Sie hoffen darauf, dass eine Mahlzeit Ihnen Abwechslung bringt, aber auf diesem Flug gibt es nichts zu essen. Es gibt nicht einmal ein Flugzeug. Sie fliegen auf eigenen Flügeln und können keinen Zwischenstopp einlegen. Andere können vielleicht hinabgleiten und auf der Meeresoberfläche ausruhen, aber Sie sind ein Landbewohner, und Ihr Körper ist nicht fürs nasse Element gemacht. Sie müssen weiterfliegen. Und nun stellen Sie sich vor, dass Ihr Flug nicht neun Stunden dauert, nicht einmal 24. Nein, Sie müssen neun Tage in der Luft bleiben. Oder sogar noch länger.

Und jetzt vergessen Sie das erst mal und beamen sich an eine beschauliche Flussmündung an der Küste Neuseelands. Zahllose Watvögel, die sich in allen möglichen Gestalten und Staturen präsentieren, schreiten oder flitzen umher und stochern auf der Suche nach etwas Essbarem im Schlick, zu den größeren unter ihnen zählen die Pfuhlschnepfen. Pfuhlschnepfen wiegen nicht einmal 500 Gramm, haben lange Beine, einen sehr langen Schnabel und tragen ein Federkleid in dezenten gestreiften Brauntönen. Sie stechen nicht auffallend aus der Watvogelschar heraus, doch wenn es um körperliche Leistungsfähigkeit, Schneid und Entschlossenheit geht, sind sie die unangefochtenen Könige und Königinnen.

Vor der Erfindung winziger vogelfreundlicher Satellitensender war über das Zugverhalten der Pfuhlschnepfen nur wenig bekannt. Die Population dieser Spezies, die in Alaska brütet (Subspezies *baueri*), gehört zu den Langstreckenziehern und verbringt die (nördlichen) Winter in Neuseeland und im östlichen Australien. Die Route führt über mehr als 10 000 Kilometer, doch man nahm an, dass die Vögel verhältnismäßig gemütlich an der ostasiatischen Küstenlinie entlangflögen und regelmäßig Rast machten, um Ruhe und Nahrung zu tanken.

Doch das Tracking belehrte die Forschung eines Besseren. Die Schnepfen fliegen von ihren Brutplätzen aufs Meer hinaus und landen erst wieder, wenn sie ihr Ziel erreicht haben, selbst wenn sie einladende Inseln überqueren. Auf dem Rückflug gönnen sie sich allerdings irgendwo mindestens einen Zwischenstopp.

2007 stellte das Weibchen »E7« aus einer kleinen Gruppe getrackter Vögel einen Rekord auf, als es in acht Tagen nonstop 11 683 Kilometer über den Pazifik von Alaska nach Neuseeland flog. 2020 brach eine männliche Pfuhlschnepfe, »4BBRW«, diesen Rekord mit 12 858 Kilometern und steigerte sich im Jahr darauf auf 13 035 Kilometer. 2022 setzte »234684« mit stolzen 13 560 Kilometern von Alaska nach Tasmanien in elf Tagen und einer Stunde eine neue Rekordmarke. Das ist umso beeindruckender, wenn man weiß, dass »234684« erst 2022 aus dem Ei schlüpfte und diese sagenhafte Reise im Alter von nur fünf Monaten auf seinem Jungfernvogelzug machte.

Mentales Durchhaltevermögen

Pfuhlschnepfen brauchen kein Drama und keine helle Aufregung, um Mut und extreme Risikobereitschaft unter Beweis zu stellen, sie tun es mit schierem Durchhaltevermögen. Manche Menschen mögen körperlich und mental in der Lage sein, elf Tage ohne Nahrung durchzuhalten, allerdings wäre es definitiv kein Vergnügen, schon gar nicht, wenn sie pausenlos körperlich aktiv sein müssten. Aber elf Tage ohne Wasser? Menschen halten vielleicht eine Woche ohne Flüssigkeit aus, und das auch nur in Extremfällen. Pfuhlschnepfen haben ganz offenbar einen Organismus, der ihnen dieses »Trockenfasten« ermöglicht, doch sie reizen zweifellos alle Möglichkeiten des Vogeldaseins aus.

Für eine solche Großtat ist Vorbereitung alles, und der wichtigste Aspekt dieser Vorbereitung ist das Fressen. Bevor sie sich auf die weite Reise machen, versammeln sich die Pfuhlschnepfen im zentralen und südlichen Yukon-Kuskokwim-Delta, wo es Strandwürmer und Weichtiere in Hülle und Fülle gibt. Nachdem sie eine paar Wochen lang geschmaust haben, liegt ihr Körperfettanteil bei 55 Prozent. Am Beginn des großen Fressens haben sich ihre Verdauungsorgane, wie Magen, Leber, Nieren und Darm, vergrößert, um alles fassen zu können, doch wenn sich der Abflugtag nähert, schrumpfen sie wieder zusammen, denn in den folgenden anderthalb Wochen werden sie nicht viel zu tun haben. Ihre Muskeln hingegen, vor allem die Brustmuskeln, die für das Schlagen der Flügel zuständig sind, wachsen während der Fressphase stetig.

Nachdem die Pfuhlschnepfen ausreichend Energie getankt und ihre Flugkraft optimiert haben (das angefressene Fett wiegt nicht viel und behindert sie nicht), sind sie startklar. Sobald sie in der Luft sind, müssen sie um maximale Effizienz bemüht sein, daher warten sie auf günstigen Wind und passen dann ihre Flughöhe konstant an einen günstigen Mittelwert von Geschwindigkeit, Temperatur und verfügbarem Sauerstoff an. Wählten sie eine alternative Route entlang der Küsten, die ihnen Zwischenstopps an Land ermöglichte, müssten sie ihren Flug wenigstens fünfmal unterbrechen (und ihren Reiseweg um 50 Prozent und entsprechend viele Tage verlängern), um Nahrung aufzunehmen, wenn sie mit derselben Effizienz wie auf der Route übers offene Meer ziehen wollten. Das haben Studien zu ihrer Energetik gezeigt. Der direkte Transpazifikflug ist für sie also die beste Option. Das sagt sich so leichthin, dabei ist ihre Extremleistung beispiellos: Kein anderer Zugvogel macht ihnen – nach unserem jetzigen Wissen – den Nonstop-Rekord streitig.

Aber ist die Ozeanüberquerung wirklich eine mutige Wahl? Das größte Risiko ist offenkundig: Geht ihnen der Treibstoff aus, stürzen sie entkräftet ab und werden von einem frohen Fisch verspeist. Nicht zu vernachlässigen ist auch das Risiko, von Stürmen bezwungen zu werden. Anderen Gefahren weichen sie über offener See hingegen aus: Kein Greifvogel entfernt sich so weit vom Land, und sie riskieren nicht, sich bei Zwischenlandungen unter Tausenden anderen Vögeln mit Krankheiten anzustecken. Doch wie halten sie die Monotonie auf ihrem langen Flug übers eintönige Meer aus? Falls wir je Mittel und Wege finden, die Langeweiletoleranz bei Tieren zu messen, sollte die Pfuhlschnepfe unsere erste Probandin sein.

KAISERPINGUIN *APTENODYTES FORSTERI*

Antarktische Ausdauer

Jeder Naturfilm über die Antarktis zeigt die gleiche Szene: Unter einem düsteren Winterhimmel kuscheln sich Kaiserpinguine aneinander, stoisch stehen sie zwei Monate lang bei minus 40 Grad Celsius auf dem blanken Eis, während eisige Winde über sie hinwegfegen. Sie tun es der Liebe oder zumindest der Fortpflanzung wegen, denn jeder dieser Pinguine trägt ein einzelnes Ei, wohlig in eine dicke väterliche Bauchfalte eingemummelt, auf seinen Füßen. Wenn wir das sehen, wird uns warm ums Herz, und wir bewundern die Standhaftigkeit dieser treu sorgenden Väter.

Die Mütter sind derweil zu einem großen Festgelage draußen auf See. Auch sie haben Ausdauer bewiesen, als sie – nachdem sie ihr kostbares Ei in die Obhut ihres Gefährten gegeben hatten – rund 80 Kilometer übers Eis wanderten, bis sie das Meer erreichten. Ihr Körper ist nicht fürs Gehen gemacht: Einige kleine Pinguine flitzen munter herum, doch ein Kaiserpinguin kann nur schlurfen und seine Höchstgeschwindigkeit liegt bei gerade mal 3 Kilometern pro Stunde. Das bedeutet, dass sie tagelang bei eisigem Wind und Wetter unterwegs sind. Dann müssen sie, die Bäuche voller Fische und Tintenfische, den ganzen Weg zurücklaufen, um rechtzeitig ihre frisch geschlüpften Küken mit hochgewürgtem Mageninhalt zu füttern. Nun machen sich die hungrigen Männchen (die, seit sie in der Kolonie ankamen, volle vier Monate gefastet haben) ihrerseits auf den langen Weg zum Meer.

Ans Leben im Wasser ist der Kaiserpinguin besser angepasst als jeder andere Vogel. Er kann tiefer als 450 Meter tauchen und 30 Minuten unter Wasser bleiben, bevor er wieder Luft holen muss. Doch da er nun mal ein Vogel ist und kein Fisch oder Meeressäuger, muss er seine Eier an Land ausbrüten – und diese biologische Notwendigkeit erlegt ihm große Entbehrungen auf. Könnte er seine Evolution selbst lenken, würde er wohl innerhalb weniger Generationen lebende Junge unter Wasser zur Welt bringen. Doch so wie die Dinge liegen, droht ihm wegen seiner Bindung an festen Boden das Aussterben, denn durch den Klimawandel schmilzt das Meereis, auf das die Pinguine für ihren Bruterfolg angewiesen sind. Wenn das Eis schmilzt, bevor die Küken ein wasserfestes Gefieder ausgebildet haben, ertrinken oder erfrieren sie zu Tausenden. Und ihre Eltern haben die wochenlangen Torturen des Wanderns, Wartens und Hungerns umsonst auf sich genommen.

Wiedervereint: Wenn seine Gefährtin zu ihrem frisch geschlüpften Küken zurückkehrt, ist der lange Winter der Entbehrungen für Vater Kaiserpinguin vorbei.

8

FÜRSORGE

Über alle Maßen

Wenn wir Menschen etwas noch höher schätzen als Mut, dann ist es Fürsorge (für die uns das Wörterbuch Synonyme wie »Obhut« und »Schutz« nennt). Umgekehrt verachten wir Selbstsucht – nehmen ohne zu geben, seien es Ressourcen, Zeit oder Rücksicht. Manchmal verachten wir auch diejenigen, die sich immer wieder von selbstsüchtigen Personen ausbeuten und betrügen lassen. Moralphilosophen sprechen von der *Goldenen Regel*: »Was du nicht willst, das man dir tu, das füg auch keinem andern zu.« Man könnte sagen: Vergelte Freundlichkeit mit Freundlichkeit, aber gib sie auf, wenn sie nur auf Rücksichtslosigkeit trifft.

So betrachtet bleibt Altruismus, sowohl im menschlichen als auch im tierischen Verhalten, eine Illusion, und Selbstsucht ist Trumpf. Das kann individuelle Selbstsucht sein (man gibt nur, weil man erwartet, früher oder später etwas zurückzubekommen). Das kann genetische Selbstsucht sein (wenn ein Tier sich für seinen Nachwuchs oder andere Verwandte aufopfert, um die Chancen zu erhöhen, dass die gemeinsamen Gene auf die nächste Generation übergehen). Aber gibt es nicht noch mehr als dieses Gleiches-mit-Gleichem-Vergelten?

Wir möchten gerne glauben, dass wir zu spontaner Fürsorge gegenüber völlig Fremden, ja sogar zur Selbstaufopferung, fähig sind – ohne irgendeine Belohnung oder Anerkennung zu erwarten. Damit begeben wir uns auf das philosophische Feld einer objektiven, universellen Moral: Wir sollten auf das Wohl anderer bedacht sein – einfach deshalb, weil es »richtig« ist, so zu handeln, selbst wenn wir nichts davon haben. Wobei dieses warme Gefühl, das wir spüren, wenn wir großzügig waren, doch nicht »nichts« ist, und der Kick, den unser Selbstwertgefühl dadurch bekommt, unser Wohlbefinden und damit unsere Überlebenschancen steigert. Und gilt das nicht auch für andere intelligente und sehr soziale Tiere?

Die meisten Beispiele von tierischem Altruismus sind unter Verwandten zu beobachten und fallen daher in die Kategorie »egoistische Gene« (Hauptsache, das Überleben der eigenen respektive der familiären Gene ist garantiert). In anderen Fällen zahlt sich Generosität langfristig verlässlich aus – Vampirfledermäuse etwa teilen Blutmahlzeiten mit anderen, die kein Opfer gefunden haben, doch sie bevorzugen dabei die Individuen, die vorher ihrerseits freigiebig waren.

Manche Verhaltensweisen lassen sich aber nicht so einfach einordnen. Ein Beispiel ist die spontane Adoption: Ein Tier übernimmt die Fürsorge für ein oder mehrere Junge, die nicht mit ihm verwandt sind oder sogar einer anderen Spezies angehören. Bei Haustieren ist das sehr verbreitet. Da ist die Katze, die auch noch den verwaisten Welpen säugt, oder der Hund, der Entenküken behütet. Aus der Wildnis kennen wir zum Beispiel die kenianische Löwin Kamunyak, die eine Reihe von Oryx-Kälbern adoptierte und versuchte, sie vor anderen Löwen zu beschützen (letzten Endes ohne Erfolg), oder das Tümmlerweibchen, das neben seinem eigenen Baby auch ein verirrtes Breitschnabeldelfinkalb aufzog.

Ist das schlicht einem fehlgeleiteten Hormonüberschuss zuzuschreiben? In manchen Fällen erscheint uns die Erklärung düsterer. Strauße »adoptieren« regelmäßig die Küken von anderen Familien und fügen sie ihrer eigenen Kinderschar zu, doch sie wählen dabei immer Küken aus, die jünger sind als ihr eigener Nachwuchs. Sollte ein Beutegreifer angreifen, fallen ihm höchstwahrscheinlich diese jüngeren, schwächeren und langsameren »Adoptivküken« zum Opfer, womit sich die Überlebenschancen der eigenen Brut verbessern.

Ab und an können wir beobachten, dass adulte Tiere andere adulte Tiere umsorgen, die nicht zu ihrer sozialen Gruppe oder nicht einmal zu ihrer eigenen Spezies gehören. Diese Fälle erstaunen uns wohl am meisten, obwohl wir dieses Verhalten von uns selbst kennen und für »natürlich« halten. Wir fragen uns dann, welche evolutionäre Notwendigkeit diesem Verhalten wohl zugrunde liegt. Aber vielleicht sollten wir uns fragen, welches Gefühl das fürsorgliche Tier verspürt und ob wir dieses Gefühl nachempfinden können.

STEPPENBÜFFEL *SYNCERUS CAFFER CAFFER*

Mutiger Dickschädel

Das Elterndasein ist nicht leicht, schon gar nicht, wenn man von gefährlichen Räubern umgeben ist, für die das eigene Kind der perfekte Snack wäre. Die Evolution hat sich einiges einfallen lassen, um dieses Risiko zu mindern: Viele Vögel brüten in gut versteckten Nestern, die silbrig graue Rückenmähne von Gepardenjungen erinnert (flüchtig betrachtet) an einen Honigdachs (*siehe* Seite 168, weshalb ein Beutegreifer alles, was einem Honigdachs ähnelt, meiden sollte) und manche Spezies setzen so viele Junge in die Welt, dass zumindest einige überleben werden. Ein sichtlich wehrloses Steppenbüffelkalb aber muss stets in der Nähe seiner Mutter bleiben, und sie muss immer bereit sein, es zu verteidigen, selbst gegen ein Löwenrudel. Doch sie ist nicht allein, hinter ihr steht eine ganze Herde.

Steppenbüffel sind mächtige Tiere, und in einer Herde sind sie zahlreicher als die Löwen im Rudel. Sie können sich mit relativ kleinem Organisationsaufwand mehr als ausreichend verteidigen. Doch das ist nicht unbedingt die cleverste oder evolutionär zweckmäßigste Entscheidung. Die anderen Herdenmitglieder haben genetisch nicht so viel in das Kalb investiert wie die Mutter, und wenn sie ihr helfen, riskieren sie ihr eigenes Leben (und das ihres zukünftigen Nachwuchses). Und trotzdem rotten sich Steppenbüffel zusammen, um Mütter und Kälber sehr wirksam zu beschützen. Sie bilden eine Art Büffelburg um Mutter und Kind und halten die Löwen mit gesenkten, hornbewehrten Köpfen auf Abstand. Haben Löwen eine Mutter und ihr Kalb eingekreist, stürzt sich die Herde geschlossen auf sie und vertreibt die Raubkatzen, die es sich vielleicht zweimal überlegen, bevor sie eine so kühne Herde wieder angreifen. Nun sind Löwen hervorragende Taktiker und sie könnten blitzschnell ihren Plan ändern und sich stattdessen auf ein anderes adultes Tier aus der Herde konzentrieren, das Mutigsein hat also seine Tücken. Trotzdem triumphieren der Gemeinschaftssinn und die Fürsorglichkeit (Steppenbüffel verteidigen auch verletzte Artgenossen wild entschlossen).

Er mag wie ein gemütlicher Graskauer aussehen, aber wenn es darauf ankommt, ist der Steppenbüffel ein wilder und entschlossener Kämpfer.

Jeder Beutegreifer, der ein Büffelkalb aus der Mitte der Herde reißen will, steht vor einem Wall aus Hörnern.

Tamarine und andere südamerikanische Affen haben ein ungewöhnliches, um nicht zu sagen beeindruckend progressives Konzept der Kinderbetreuung.

BRAUNRÜCKENTAMARIN *LEONTOCEBUS FUSCICOLLIS*

Alle meine Väter

Tamarine und Marmosetten sind kleine, in Südamerika heimische Affen. Unter ökologischen Aspekten ähneln sie den Eichhörnchen. Viele haben ein apart gemustertes Fell und auffallende Merkmale wie extravagante Schnurrbärte oder Haartollen. Sie sind als Haustiere sehr gefragt (aber völlig ungeeignet).

Braunrückentamarine und ihre Verwandten sind – für Säugetiere recht untypisch – polyandrisch (ein Weibchen paart sich während eines Fortpflanzungszyklus mit mehreren Männchen). Ein Weibchen hat in der Regel zwei männliche Partner, die sich beide um die Jungen kümmern. Diese Jungen sind meist zweieiige Zwillinge, obwohl sie im Uterus Plazenta-Stammzellen austauschen und somit jeder Zwilling etwas DNA vom anderen hat (eine Form des *genetischen Mosaizismus*). Beide Partner der Mutter könnten ihr Vater oder ihre Väter sein.

Obwohl sie als Dreigespann für Nachwuchs sorgen, leben Tamarine in größeren Familiengruppen. Die Jungen verbringen die meiste Zeit mit ihren männlichen Verwandten (oder Stiefverwandten), sowohl adulten wie juvenilen, und lassen sich lieber von ihren älteren Brüdern als von ihren älteren Schwestern betreuen. Bei einem männlichen Tamarin ist also offenbar Fürsorglichkeit gefragt, und daher strengt er sich, wenn er spürt, dass »sein« dominantes Weibchen einen Eisprung hat, bei der Kinderbetreuung besonders an, um zu zeigen, was für ein toller Vater er wäre.

Da männliche Tiere sich ihrer Vaterschaft selten hundertprozentig sicher sein können, kommt es immer wieder zu unangenehmen männlichen Verhaltensweisen, von der Partnerbewachung bis zum Infantizid. Tamarin-Vätern hingegen ist es völlig egal, ob das Junge in ihrer Obhut ihr biologisches Kind ist. Jedes bis zur Geschlechtsreife aufgezogene Jungtier stellt eine genetische Investitionschance dar, und je mehr Hilfe die Gruppe als Einheit der Mutter bieten kann, desto größer sind die Überlebenschancen jedes einzelnen Jungtiers.

BUCKELWAL *MEGAPTERA NOVAEANGLIAE*

Superheld der Meere

Der Buckelwal sticht unter seinen Walverwandten durch seinen charakteristischen Körperbau hervor. Er wird bis zu 15 Meter lang und hat außergewöhnlich lange Brustflossen (Flipper). An den Vorderkanten der Flipper und am Kopf sitzen zahlreiche Höcker (Tuberkel) voller Nervenenden, die höchstwahrscheinlich eine große Rolle bei der Sinneswahrnehmung spielen. Zur Freude aller Walbeobachter springen Buckelwale häufig aus dem Wasser und lassen sich auf den Rücken klatschen oder schlagen mit Flippern und Fluke (Schwanzflosse) aufs Wasser. Zudem sind sie hochintelligent und haben ein komplexes Kommunikationssystem.

Kaum jemand kennt Buckelwale besser als die Meeresbiologin Nan Hauser, die auf den Cookinseln im Südpazifik eine Walforschungs- und -schutzstation leitet und jahrzehntelang mit den Giganten getaucht ist. Oft begegnen ihr die Wale mit neugierigem und interaktivem Verhalten, doch 2017 beunruhigte ein Individuum sie bei einem Tauchgang ziemlich. Der Wal rempelte sie sanft an, wich nicht von ihrer Seite und versuchte, einen Flipper über sie zu legen. Nan Hauser fürchtete, das gewaltige Tier könnte sie erdrücken oder ertränken, doch nach über sieben Minuten erkannte sie, dass es sie beschützen wollte: In Sichtweite machte sich ein großer Tigerhai, den sie bis dahin für einen zweiten Buckelwal gehalten hatte, zum Angriff bereit. Ihr Beschützer-Wal hob sie schließlich mit seinem Kopf aus dem Wasser – und fast auf ihr Boot zurück. Später sah sie, dass sich tatsächlich ein zweiter Wal bereitgehalten hatte und mit seiner Fluke nach dem Tigerhai schlug.

Schon zuvor waren Buckelwale bei anscheinenden Rettungsaktionen beobachtet worden. 2009 filmten Forscher in der Antarktis eine Schule von Orcas (Schwertwale), die mit einer für sie typischen raffinierten Methode Jagd auf eine Weddellrobbe machten. Sie erzeugten Wellen, um die Robbe, die sich auf einer Eisscholle ausruhte, ins Wasser und vor ihre hungrigen Mäuler purzeln zu lassen. Die Robbe hatte Glück: Just im entscheidenden Moment tauchten zwei Buckelwale auf und einer von ihnen drehte sich auf den Rücken – sie landete auf seinem Bauch. Der Wal drückte den Rücken durch und verhinderte mit einem Flipper, dass die Robbe abrutschte. Dann brachte er sie zu einer anderen Eisscholle.

Robert Pitman, einer der Beobachter, fahndete daraufhin nach Berichten über ähnliche Vorfälle. Er hörte von Dutzenden Leuten, die gesehen hatten, wie

Der Buckelwal scheint einen Retterkomplex zu haben: Immer wieder bringt er sich in Gefahr, indem er sich zwischen Räuber und Beute stellt.

Buckelwale Orcas bei der Jagd behinderten, wobei sie sich nicht immer damit begnügten, zur rechten Zeit am rechten Ort zu sein, sondern die Orcas sogar angriffen. Manchmal versuchten sie, ein Buckelwalkalb zu retten, doch in 90 Prozent der Fälle hatten die Orcas es auf eine andere Spezies abgesehen.

Uns mag es so erscheinen, als hätten die Buckelwale reines Mitgefühl gezeigt, ohne mit einer Gegenleistung zu rechnen (ein Szenario, bei dem eine Robbe einem Wal zu Hilfe eilt, ist kaum vorstellbar). Dann aber hätten die Buckelwale kein Mitleid mit den Orcas gezeigt, die immerhin Energie verschwendeten und mit leerem Magen abziehen mussten. Und auch Buckelwale fressen andere Tiere – Krill, aber auch kleine Fische –, ihre Sorge gilt eindeutig nicht sämtlichen Lebewesen. Die meisten Menschen, egal ob Fleischesser oder Vegetarier, sähen nicht gerne dabei zu, wie eine verängstigte Robbe getötet wird, warum also sollten die sehr intelligenten, sozialen und kommunikativen Buckelwale nicht Mitgefühl mit einem Mitsäugetier in Not empfinden können?

Präventivschlag

Es gibt eine wahrscheinliche, wenn auch nüchterne Erklärung für ihr Verhalten. Orcas bezeichnet man auch als »Killerwale«, das ist biologisch nicht ganz korrekt, denn sie gehören zur Familie der Delfine, doch Killer sind sie allemal. Sie sind auch Walkiller. Selbst die größten Wale, die Furchenwale, zu denen der Buckelwal gehört, stehen auf ihrem Speiseplan, und wenn ihre Schule groß genug ist, greifen Orcas nicht nur Kälber, sondern auch adulte Furchenwale an.

Buckelwale haben daher allen Grund, Orcas als ihre Erzfeinde zu betrachten, und wenn sie Orcas drangsalieren, könnte es sich dabei um Hassen handeln, ein ähnliches Verhalten zeigen auch Singvögel, die sich zusammentun, um Greifvögel zu verjagen. Doch die Buckelwale greifen entschlossen in eine aktive Jagd ein, während Vögel nur hassen, wenn sie sich sicher sein dürfen, dass der fragliche Greifvogel für sie momentan keine Gefahr darstellt (weil er schläft oder gerade gefressen hat). Die Orcas könnten theoretisch ihren Plan ändern, von der ursprünglichen Beute ablassen und sich stattdessen auf den Störenfried stürzen. Doch der Buckelwal signalisiert durch sein Eingreifen Stärke und Furchtlosigkeit, und jeder Räuber überlegt es sich zweimal, ob es klug ist, eine aggressive Beute zu attackieren. Es wäre definitiv im Interesse des Buckelwals, wenn möglichst viele Orcas diese Lektion lernten. Vielleicht entwickelt er deshalb eine Verhaltensroutine, die dem Motto »Geh dazwischen, wenn du angreifende Orcas hörst« folgt.

Ist es Mitgefühl?

Nan Hauser wurde nicht von einem Orca, sondern von einem gefährlichen Hai bedroht. Genau genommen war der Hai für sie gefährlich, nicht für den Buckelwal. Vielleicht war er aber gerade gefährlich genug, um dieselbe »Geh-dazwischen«-Reaktion zu triggern, die auch ein Orca wachruft – wenn es denn das war, was dem Buckelwal durch den Kopf ging. Vielleicht reicht auch schon der Anblick eines großen Tiers, das ein kleineres jagt, als Trigger. Würde ein Buckelwal eingreifen, um einen Pinguin vor einer Robbe zu retten? Wir wissen noch so vieles nicht. Wir wissen nicht, was die Wale in solchen Situationen empfinden, doch es wäre ausgesprochen überheblich, wenn wir annähmen, dass nur wir Menschen diesen brennenden (und hoch motivierenden) Schmerz der Empathie fühlen können, wenn wir ein anderes Lebewesen in Not sehen.

Das Laysanalbatros-Weibchen Wisdom hat über 60 Jahre als Mutter Erfahrung gesammelt und seine Gene an rund 30 Nachkommen weitergegeben.

LAYSANALBATROS *PHOEBASTRIA IMMUTABILIS*

Unendliche Hingabe

Wenn Sie die Chance hätten, als ein Tier wiedergeboren zu werden, sollten Sie sich vielleicht für einen Albatros entscheiden. Sie könnten entspannt durch die Lüfte segeln, sehr alt werden und einen Partner fürs Leben haben (und sich trotzdem in der Kinderpause eine monatelange Ehe-Auszeit gönnen). Vorausgesetzt, Sie hätten eine Vorliebe für Tintenfisch und würden in eine alternative Welt ohne Plastikverschmutzung geboren, hätten Sie eine herrliche Zeit.

Im November 2022 feierte die ornithologische Welt die Rückkehr eines weiblichen, Wisdom getauften Laysanalbatros, in seine Nistkolonie auf dem Midway-Atoll. Die auf Midway brütende Population dieser verhältnismäßig kleinen Albatrosart wird seit Jahrzehnten erforscht. Das Weibchen trägt einen Ring mit dem Code »Z333«, doch es ist nicht der erste – der wurde ihm 1956 angelegt und seither sechsmal erneuert. 1956 hatte es bereits sein adultes Federkleid, 2022 war es also mindestens 71 Jahre alt und somit der älteste bekannte Vogel der Welt. Es überlebte wahrscheinlich mehrere Lebenspartner, der letzte, Akeakamei, wurde seit Anfang 2021 nicht mehr gesichtet.

So bemerkenswert wie das hohe Lebensalter dieser Albatrosdame ist auch ihre Karriere als Mutter. Albatrosse legen pro Jahr nur ein Ei und da die Aufzucht der Küken anstrengend ist, leisten sie sich manchmal eine einjährige Brutpause. Selbst wenn man diese Pause einberechnet, kann man davon ausgehen, dass Wisdom wenigstens 30 Nachkommen aufzog. Die Küken schlüpfen nach 65 Tagen aus dem Ei und müssen dann 160 Tage lang von beiden Eltern gefüttert werden, bis sie endlich flügge sind. Ein Vogel, der das 30-mal auf sich nimmt, zeigt eine geradezu umwerfende Hingabe ans Muttersein. 2011 gehörten Wisdom und ihr damaliges Küken zu den Überlebenden eines Tsunamis, bei dem mehr als 2000 Laysanalbatrosse umkamen, und als sie 2020/2021 das bisher letzte bekannte Küken aufzog, war sie mindestens 70.

Als dieses Buch in den Druck ging, war nicht bekannt, ob sie einen neuen Partner gefunden hatte. Es ist durchaus möglich, dass die fruchtbaren Jahre nun hinter ihr liegen und sie zukünftig nur Großmutter sein wird – all ihre Nachkommen brüten auf Midway.

ANTARKTISRAUBFISCH *HARPAGIFER BISPINIS*

Wächter in der Tiefe

Das Leben in der Antarktis ist hart. Wenn man aber ein kaltblütiges Tier ist, wie der Antarktisraubfisch, leidet man wohl nicht so unter der Kälte – wird aber trotzdem von ihr beeinflusst. Die antarktischen Fische unterscheiden sich von ihren Verwandten, die in wärmeren Gewässern leben, unter anderem in ihrer viel langsameren Entwicklung. Für die arktischen Fische gilt das Gleiche. Vielleicht haben Sie schon einmal vom Grönlandhai gehört, einer Spezies, die auf der anderen Seite der Welt im eiskalten Polarmeer heimisch ist und älter wird als jedes andere bekannte Wirbeltier – bis zu 500 Jahre. Der Antarktisraubfisch wird knapp 7 Zentimeter lang und neun Jahre alt, er reift nur langsam heran und braucht ungefähr vier Jahre, bis er seine volle Größe erreicht und geschlechtsreif ist. Im Vergleich dazu wird die Amerikanische Elritze, ein Süßwasserfisch aus gemäßigten Zonen, bis zu 10 Zentimeter lang und ist schon nach einem Jahr geschlechtsreif, lebt aber nur maximal fünf Jahre.

Der Gattungsname *Harpagifer* bedeutet »Hakenträger«, denn die einzelnen Spezies haben mit Stacheln besetzte Kiemendeckel. Neben *Harpagifer bispinis* gibt es elf weitere Spezies, die alle in der antarktischen Region vorkommen und sich in Lebensweise und Anatomie recht ähnlich sind. Ihre abgeplatteten, kurzen, gedrungenen Körper verjüngen sich zu einem langen, schmalen Schwanz und sind an das Leben zwischen Steinen und Felsen in den Flachwasserzonen angepasst. Sie haben zwei Rückenflossen und tragen auf der ersten zwei bis fünf flexible Stacheln. Bei ihrer Ernährung haben sie sich auf winzige Flohkrebse *(Amphipoden)* spezialisiert, aber sie sind weder dynamische Jäger noch gefräßig, denn das Überleben im kalten Wasser erfordert einen sehr langsamen Stoffwechsel. Das alles klingt nicht besonders aufregend, doch es lohnt sich, diese Fische etwas genauer und vor allem länger zu betrachten. Wer Näheres über das *Harpagifer*-Leben erfahren will, braucht Geduld.

Die meisten Fische sind wahrlich keine Helikoptereltern. Die häufigste Fortpflanzungsstrategie scheint unter dem Motto »Viel bringt viel« zu stehen – die Weibchen legen Tausende Eier und »hoffen« darauf, dass wenigsten eine Handvoll nicht von Räubern gefressen wird. Außerdem reifen Brut und später die Larven schnell heran. In eisigem Wasser geht aber wie gesagt nichts schnell, deshalb produziert der Antarktisraubfisch weniger Eier, in die er dann viel Zeit investiert, um ihnen eine Zukunft zu ermöglichen.

Viele Antarktisraubfische opfern erstaunlich viel Zeit ihres kurzen Lebens für die Bewachung von Eiern, die nicht ihre eigenen sind.

Das beginnt mit einem Nest, das er in einer geschützten Spalte auf dem Meeresboden baut. In dieses Nest legt das Weibchen ein paar Hundert verhältnismäßig große Eier mit großen Eidottern hinein. Danach dauert es nahezu fünf Monate, bis die Larven schlüpfen – viel zu lange, um die Eier völlig allein ihrem Schicksal zu überlassen. Selbst wenn sie nicht von einem Räuber aufgestöbert würden, ist das Risiko einer Pilzinfektion, die eine ganze Brut innerhalb von zwei Wochen zerstören kann, nahezu unvermeidlich. Die *Harpagifer*-Fische bewachen ihre Eier daher länger als jede andere Fischart (jedenfalls soweit wir wissen). Die Eltern teilen sich die Brutpflege, sie halten unerwünschte Eindringlinge fern und säubern die Eier fleißig, um sie vor Pilzbefall zu schützen. Die vier bis fünf Monate, in denen sie, Brut für Brut, rund um die Uhr wachen und putzen, sind eine ungewöhnlich langwierige elterliche Investition, vor allem für einen Fisch, der nicht älter als neun Jahre wird, doch hier geht es um mehr als um elterliche Fürsorge.

Wessen Eier sind das überhaupt?

Im Winter 1975 studierte Robert A. Daniels im Labor das Brutverhalten von *Harpagifer bispinis* an sieben Nestern, die er in Arthur Harbour, einer Bucht der Anvers-Insel im westantarktischen Palmer-Archipel, gefunden hatte. Da jedes Individuum dieser Spezies ein einzigartiges Farbmuster hat, konnte Daniels erkennen, welcher Fisch welches Nest bewachte. Er fand heraus, dass dieselben sieben Weibchen während des gesamten Beobachtungszeitraums wachend bei ihren jeweiligen Nestern verharrten. Wenn er aber ein Weibchen entfernte, ereignete sich Erstaunliches. An die Stelle des Weibchens rückte nach sehr kurzer Zeit ein anderer Fisch – für gewöhnlich ein Männchen. Wenn er auch dieses Männchen entfernte, übernahm der nächste Fisch den Wächterdienst – wieder meist ein Männchen.

Das erklärt, warum in der freien Natur in der Nähe von Nestern Männchen anzutreffen sind, obwohl die Mütter alles tun, um ihre Eier während der gesamten Brutzeit zu beschützen. Es ist auch schlüssig, dass die Ersatzleute Männchen sind, denn die meisten Weibchen sind vollauf damit beschäftig, ihre eigenen Nester zu bewachen. Es erklärt aber nicht, *warum* diese Fische so schnell einspringen und die Verantwortung für ein Nest voller Eier übernehmen, mit denen sie womöglich nichts zu schaffen haben. Daniels wollte nun durch weitere Manipulationen feststellen, ob es sich hierbei um eine Form von Sippenselektion handelte und die »Egoistische-Gene«-Theorie griff. Doch im Verlauf seiner Experimente deutete nichts darauf hin, dass die Ersatzwächter mit der vom Nest entfernten Mutter oder den Eiern verwandt waren. Es deutete auch nichts darauf hin, dass die Ersatzleute einsprangen, weil andere ihnen zuvor geholfen hatten und sie die gute Tat vergelten wollten.

Dürfen wir dieses Verhalten als lupenreinen Altruismus interpretieren – die Fische sehen das ungeschützte und dem Verderben anheimgegebene Nest von Artgenossen und springen ein, weil es richtig ist, so zu handeln? So ausgedrückt, klingt die Frage absurd, vor allem im Zusammenhang mit einem winzigen Fisch, der ein winziges Gehirn und einen sehr gemächlichen, simplen Lebensstil hat. Ist es nicht wahrscheinlicher, dass bei den Experimenten etwas übersehen wurde und es *irgendeinen* Nutzen für den Ersatzmann gibt? Vielleicht profitieren sie davon, dass sie von mehr Artgenossen umgeben sein werden. Vielleicht kostet sie der Wachdienst keine für ihre Gesundheit und ihr Überleben unentbehrliche Energie, und sie springen einfach so ein, das Verhalten wäre also zufällig. Aber vielleicht existiert in der Natur ja doch wahrer Altruismus – in unvermuteter Ausprägung.

HAUSHUHN *GALLUS GALLUS DOMESTICUS*

Sei ganz ruhig

Der Mensch domestizierte das südostasiatische Bankivahuhn vor rund 8000 Jahren, und heute teilen wir unseren Planeten mit mehr als 30 Milliarden Haushühnern. Hühner sind sehr soziale Tiere, und Hühnerhalter berichten, dass die Beziehungen der Vögel eher einem Netzwerk von Freunden ähneln als der rigiden Struktur, die der Begriff »Hackordnung« suggeriert. 2011 deckte eine Studie mit Mutterhennen und ihren Küken etwas höchst Faszinierendes auf – biologische Anzeichen wahrer Empathie.

Wissenschaftler der englischen University of Bristol trennten die Glucken von den Küken, sorgten aber dafür, dass sie sich noch sehen konnten. Die Küken wurden extrem mildem Stress ausgesetzt – man richtete einen sanften Luftstrahl auf sie (in den Kontrollgruppen wurde die Luft auf die Glucken gelenkt, oder auf gar keinen Vogel). Sobald sie sahen, dass ihre Küken unsicher waren, zeigten die Glucken physiologische Reaktionen: Ihre Herzfrequenz erhöhte sich und ihre Körperkerntemperatur stieg an. Sie zeigten auch Besorgnis an, gackerten eindringlicher und nahmen eine aufrechtere, wachsame Haltung an. Die Reaktionen, die dieses Experiment hervorrief, waren objektiv messbar, Mitgefühl und Mitleid drückten sich körperlich aus. Es ist gar nicht so weit hergeholt, wenn wir annehmen, dass die Gefühle der Glucken denen ähnelten, die uns überfluten, wenn unsere Kinder in Bedrängnis sind. Dieses Ergebnis sollte uns aus einem weiteren Grund nachdenklich stimmen: Wir halten Hühner im Allgemeinen für recht einfältig und stumpfsinnig. Wenn nun aber diese Vögel zu wahrer Empathie fähig sind, wie steht es dann um Hunde oder Delfine oder Elefanten?

In der zweiten Phase der Studie zeigte sich, dass die Gefühle in beide Richtungen wirkten. Die Glucken reagierten mit ganz unterschiedlicher Vehemenz, und die Reaktion der Küken auf den beängstigenden Reiz variierte, je nach Intensität der gezeigten mütterlichen Gefühle. Küken, deren Mütter weniger aufgeregt waren, erholten sich schneller von ihrem eigenen Stress. Hennen spüren also nicht nur die Angst ihrer Küken, sie können auch beruhigend auf sie einwirken, indem sie selbst ruhig bleiben.

Überfürsorgliche Mütter nennen wir »Glucken«, aber wir kämen nicht unbedingt auf die Idee, dass die eigentlichen Glucken genauso empathisch sind wie ihre menschlichen Namensvetterinnen.

9

KULTUR

Zusehen, zuhören und lernen

Als wir herausfanden, wie man Werkzeuge herstellt und benutzt, war das für unsere Spezies ein gewaltiger evolutionärer Schritt vorwärts. Voraussetzung für diese und andere Neuerungen war ein Merkmal, das unsere Vorfahren schon seit Millionen von Jahren besaßen – die Fähigkeit, von anderen zu lernen, sodass sich neue Kenntnisse und Fertigkeiten innerhalb einer Gemeinschaft schnell verbreiten konnten. Das ist die Quintessenz von Kultur, und ohne sie wären wir nie die dominante Macht auf diesem Planeten geworden.

Das Wunderbare an der *kulturellen Transmission* ist, dass sie, im Vergleich zur Evolution durch natürliche Selektion, so schnell voranschreitet und das Element des Zufalls praktisch ausschaltet. Wir können von unserer Handlungsfähigkeit *(Agency)* Gebrauch machen und kollektiv entscheiden, dass diejenigen Ideen, die sich verbreiten, die »besten« sind. Nun mag man einwenden, dass sich manchmal in bestimmten demographischen menschlichen Gruppen ausgesprochen unkluge Verhaltensweisen ausbreiten. In der Regel werden jedoch durch kulturelle Transmission Verhaltensweisen weitergegeben, die für die Mehrheit von Nutzen sind – und das gilt auch für Kulturen im Tierreich. Der Begriff »Mem« (Plural: Meme) wurde in den 1970er-Jahren vom Evolutionsbiologen Richard Dawkins geprägt, um zu beschreiben, dass sich Theorien, Ideen, Konzepte innerhalb einer Population wie Gene fortpflanzen (nur eben von Kopf zu Kopf). Wie bei den Genen setzen sich auch bei den Memen nur die vorteilhaftesten durch, die übrigen gehen früher oder später unter.

Kultur beschränkt sich nicht auf »höhere« Tiere, obwohl sie bei diesen ausgiebig dokumentiert ist. Die Schimpansenforscherin Jane Goodall etwa erkannte, dass »Termiten-Angeln« (mit einem Grashalm in Termitennestern stochern, damit die aggressiven Termiten sich in den Halm verbeißen, dann herausgezogen und verspeist werden können) eine Fertigkeit ist, die sich in bestimmten Schimpansengemeinschaften herausgebildet hatte und dann von Generation zu Generation weitergegeben wurde. Wir wissen seit längerer Zeit, dass kulturelle Transmission bei anderen Primaten, Walen und schlauen Vögeln wie Raben stark ausgeprägt ist. Seit Beginn dieses Jahrtausends sammeln Wissenschaftler nun zunehmend Beweise für kulturelles Lernen auch bei Fischen und Insekten. Dieser Prozess ist so entscheidend, dass es für die natürliche Selektion sinnvoll ist, jede angeborene Tendenz, die Erfolge anderer zu beobachten und von ihnen zu lernen, und jede Tendenz, nützliches Verhalten bewusst an andere weiterzugeben, zu begünstigen.

Auch eine feste Sozialstruktur ist für den Erfolg einer Gemeinschaft von Bedeutung. In einer *Tiergesellschaft* (im Gegensatz zur Aggregation, einem Verband ohne soziale Anziehung, der durch Einwirkung von Umweltfaktoren entsteht) sind die Rollen der Individuen klar definiert und gleichbleibend, aber auch einschränkend. Der Erfolg hängt davon ab, wie ausgewogen die Rollenverteilung ist und wie »pflichtbewusst« jedes Individuum seine Rolle übernimmt. Die Zugehörigkeit zu einer bestimmten »Kaste« ist in der Regel vorherbestimmt und unveränderlich. Im höchstentwickelten Typus, dem Insektenstaat, drückt sich eine bestimmte Rolle sogar in einer signifikant veränderten Anatomie aus. Doch selbst in diesen scheinbar rigiden Sozialstrukturen ist (erfolgversprechende) kulturelle Transmission zu beobachten.

Die Bereitschaft und die Befähigung zum Lernen können menschlichen wie tierischen Individuen große Chancen eröffnen. Unglücklicherweise hatten einige der wunderbaren neuen Ideen, die wir Menschen untereinander verbreiteten, unvorhergesehene und höchst schädliche Konsequenzen für unseren Heimatplaneten und jede andere darauf lebende Spezies. Kann außer dem *Homo sapiens* noch irgendein Tier ähnliche Probleme durch das Phänomen der kulturellen Transmission verursachen? Das erscheint unwahrscheinlich, aber vielleicht nur, weil wir schneller und gründlicher waren. Wir sollten hoffen, dass die kulturelle Transmission, die uns in diese missliche Lage brachte, uns auch befähigen wird, aus ihr herauszukommen.

JAPANMAKAK *MACACA FUSCATA*

Heiße Ideen

Wir stellen uns Affen eigentlich als Bewohner von heiß-feuchten tropischen Regionen vor, und auf die meisten trifft das auch zu. Aber wenn ich Sie nun bitte, sich ein ikonisches Bild von einem Affen in freier Wildbahn ins Gedächtnis zu rufen, werden zumindest einige von Ihnen an viel kältere Regionen denken. Der Japanmakak lebt weiter nördlich als jeder andere Primat (außer uns) und wird daher auch »Schneeaffe« genannt. Er ist nur in Japan heimisch (und der einzige japanische Affe). Man trifft ihn fast im ganzen Land an, er lebt auch auf einigen der kleineren Inseln, allerdings nicht auf der extrem kalten nördlichsten Insel Hokkaido, dafür aber bis weit in den Norden der Hauptinsel Honshu, der in den langen Wintermonaten von Schnee bedeckt ist. Die berühmteste Population von Japanmakaken lebt im Jigokudani-Affenpark, einem Tal, das zum Jōshin'etsu-Kōgen-Nationalpark im Herzen von Honshu gehört. In dieser Berglandschaft schneit es vier Monate im Jahr, und wenn es so weit ist, ziehen die Affen aus den Wäldern zu den extra für sie geschaffenen Badebecken hinunter, die von heißen Quellen *(onsen)* gespeist werden.

Die im dampfenden Wasser badenden Makaken sind ein denkwürdiger Anblick – ihr dichtes, silbrig blondes Fell ist dick bereift und ihre normalerweise blassrosa Gesichter sind von der Wärme gerötet. Sie rekeln sich mit geschlossenen Augen so genüsslich wie jeder menschliche Thermenbesucher. Da die Parkwächter sie mit Futter versorgen, müssen die Makaken nichts anderes tun, als sich aufzuwärmen und zu schmausen. Man weiß nicht genau, wann sie mit diesem Verhalten anfingen (andere Populationen gehen nicht in heißen Quellen baden) – erstmals dokumentiert wurde es in den frühen 1960er-Jahren –, aber es ist offensichtlich, warum sie es beibehalten.

Einen anderen kulturellen Trend konnte man von Beginn an bei einer anderen Population von Japanmakaken beobachten. Diese Affen leben auf Kōjima, einer kleinen, hügeligen und dicht bewaldeten Insel im tiefen Süden Japans, nicht weit von der größeren Insel Kyūshū entfernt. 1947 wurde auf Kōjima eine Beobachtungsstation eingerichtet und in Jahrzehnten ununterbrochener Feldforschung haben die Primatologen viel über die kulturelle Transmission bei dieser Spezies gelernt.

Die erste bahnbrechende Beobachtung machten die Forscher 1953, als ein junger, weiblicher Affe namens Imo eine der Süßkartoffeln, die mit anderem Futter am

Wenn ein Japanmakak eine großartige neue Idee hat, dauert es nicht lang, bis auch seine Verwandten und seine Freunde sie übernehmen.

Strand verteilt worden waren, aufhob. Anstatt sich hinzusetzen und gleich zu fressen, trug Imo die Frucht zum Wasser und wusch erst den Sand ab. Sie tat das mit allen Süßkartoffeln, und im Lauf der Zeit übernahmen immer mehr Affen dieses Verhalten. Die clevere Imo wandelte ihre Reinigungsmethode dann für Weizen ab: Sie warf eine Handvoll ins Wasser, wartete, bis der schwere Sand abgesunken war, und sammelte die auf der Oberfläche treibenden Körner ein.

Die Forscher konnten beobachten, wie sich diese Verhaltensweisen in der Gruppe verbreiteten. Imo brachte die Techniken zuerst ihren Geschwistern und ihrer Mutter bei, dann lernte sie zusammen mit ihren Geschwistern die gleichaltrigen Spielkameraden an. Eines von Imos Geschwistern entdeckte dabei, dass es großen Spaß machte, im flachen Wasser zu planschen, und nach und nach legte die Gruppe ihre ursprüngliche große Furcht vorm Wasser ab und planschte mit.
Die Affen von Kōjima waschen noch immer ihre Süßkartoffeln, selbst wenn sie nicht sandig sind (vielleicht mögen sie einfach das Meersalz). Sie säubern Weizen im Meerwasser und spielen in den Wellen. Diese Verhaltensweisen sind ihnen inzwischen in Fleisch und Blut übergegangen, sie werden von den Jungen nicht mehr erlernt, sondern nur noch übernommen.

Das System aufmischen

Japanmakaken sind sehr sozial und bilden große Gruppen von Hunderten Individuen, was sie zweifellos für kulturelle Transmission auf hohem Niveau prädisponiert. Innerhalb dieser Gruppen gibt es unter den Weibchen eine fest gefügte Dominanzhierarchie, während die Stellung der Männchen unbeständiger ist und oft durch Kämpfe ausgefochten wird. In der Rangfolge ganz oben stehen grundsätzlich Männchen, doch auf der nächstunteren Ebene sind auch Weibchen vertreten. Die Töchter dieser hochrangigen Weibchen haben automatisch ebenfalls einen hohen Rang und stehen nur eine Stufe unter ihren Müttern. Die Männchen steigen meist mit dem Alter in der Rangfolge nach oben, in ihren letzten Teenagerjahren können sie dann die Spitze erklimmen (mit etwa 20 werden sie von jüngeren Männchen zurück auf die unteren Ränge verdrängt).

Doch selbst etwas so unerschütterlich Scheinendes wie eine Dominanzhierarchie ist nicht gegen Wandel gefeit, wenn nur der richtige Affe daherkommt. Genau das passierte im Takasakiyama-Zoo, einem Affenreservat auf Kyūshū , als ein außergewöhnliches Weibchen Ambitionen entwickelte. Die neunjährige Yakei begann ihre Kampagne mit einem Angriff auf ihre Mutter, die sie vom ersten Platz in der weiblichen Hierarchie verdrängte. Danach nahm sie die vier Männchen, die noch im Rang über ihr standen, ins Visier. Das Alpha-Männchen Sanchu war 31 – ungewöhnlich alt, um diese Position innezuhaben –, was vermuten lässt, dass die drei anderen auch nicht mehr die jüngsten und fittesten waren. Yakei hatte einen günstigen Zeitpunkt gewählt. Sie verstieß Sanchu und übernahm die Führung – als erstes Alpha-Weibchen überhaupt in der 70-jährigen Zoogeschichte.

Die fesselnde Frage ist nun, ob Yakei ihre Position halten kann und die Innovation der weiblichen Führungskraft an die folgenden Generationen weitergeben kann. Jede ihrer zukünftigen Töchter wäre gut positioniert, um diese Rolle zu übernehmen, insbesondere wenn sie den Willen, die eigene Mutter herauszufordern, erbte. Yakei hatte die Führung 2021 übernommen, doch als das Jahr sich dem Ende zuneigte, stand die neue Königin vor ihrer bis dahin schwersten Prüfung, denn die Paarungszeit begann. Männliche Japanmakaken sind in diesen vier Monaten sehr aufdringliche Freier, und es war nicht klar, ob sie Yakeis Dominanz dulden würden. Doch am Ende der Paarungszeit stand sie noch immer an der Spitze und war mit Zwillingen trächtig. Eins ihrer Jungen hat nicht überlebt, doch dem anderen geht es prächtig. Man darf gespannt sein, ob es in ein paar Jahren seine Mutter vom Thron stößt.

FRUCHTFLIEGE *DROSOPHILA MELANOGASTER*

Tradierte Weisheit

Die Fruchtfliege ist eines der gefragtesten Labortiere. Ihre Spezies hat uns wichtige Erkenntnisse über die Funktion und Vererbung von Genen – sowohl einzelnen als auch Clustern – geliefert. In jüngster Zeit stießen wir außerdem auf ein interessantes und unvorhergesehenes Verhalten von *Drosophila*.

Diese Fliegen haben gemusterte Flügel, die ein balzendes Männchen schwingen lässt, während es gleichzeitig mit einem Vorderbein auf das Hinterteil des umworbenen Weibchens tippt. Wenn es das Weibchen hinreichend betören kann, paart es sich mit ihm. Weibliche Fruchtfliegen verlassen sich aber noch auf weitere Informationen, um aussichtsreiche Partner aus der Bewerberschar auszuwählen, und sie erhalten diese Informationen, indem sie andere Weibchen beobachten und sich deren Auswahlkriterien merken. Dieses überraschende Beispiel von kultureller Transmission unter Insekten brachte ein Experiment ans Licht, das 2018 an der Université de Toulouse durchgeführt wurde. Jungfräuliche Fruchtfliegen durften ältere Weibchen bei der Paarung beobachten. Einige der involvierten Männchen waren rosa oder grün gefärbt worden. Als die jungfräulichen Fliegen sich dann selbst einen Partner aussuchen konnten, wählten sie ein Männchen, das genauso gefärbt war wie das vom älteren Weibchen erwählte – die jungen Fliegen vertrauten darauf, dass die erfahrenen älteren eine gute und nachahmenswerte Wahl getroffen hatten. In einer zweiten Versuchsreihe zeigte sich, dass auch Männchen sich ein Weibchen in der Farbe wählten, die von anderen Bewerbern bevorzugt wurde (sie waren dabei allerdings nicht so konsequent wie die Weibchen).

Diese Studie lieferte uns außer dem Beweis für eine kulturelle Transmission unter Insekten auch eine mögliche Erklärung dafür, wie Weibchen durch die Partnerwahl Männchen dazu bringen, im Lauf der Evolution ein aufsehenerregendes, aber unpraktisches Aussehen anzunehmen. Vielleicht hatte irgendwann ein Pfauenhahn mit überdurchschnittlich langen Schwanzfedern, der von vielen Hennen beobachtet wurde, großen Erfolg bei gewissen Pfauendamen. Vielleicht breitete sich die Vorliebe für langschwänzige Hähne wie ein kultureller Virus aus und sorgte dafür, dass sich die prächtig geschmückten Kreaturen entwickelten, die wir heute kennen.

Wenn man vor der wichtigsten Wahl seines Lebens steht – »Mit welcher Fruchtfliege soll ich mich paaren?« – ist es hilfreich, sich an den Älteren und Weiseren zu orientieren.

In den Armen seiner Mutter fühlt sich ein junger Schimpanse nicht nur geborgen, er schaut sich auch allerhand von ihr ab.

Lernen und lehren

Eines der frühesten und bekanntesten Beispiele für kulturelle Transmission bei Tieren lieferte der Gemeine Schimpanse. Jane Goodall, die in den 1960er-Jahren die Schimpansen im Gombe Stream National Park in Tansania erforschte, beobachtete, wie sie mit Grashalmen nach Termiten »angelten« – was an sich schon ein bemerkenswertes Beispiel für den Gebrauch von Werkzeugen ist. Diese Technik wurde durch Beobachtung und Nachahmung weitergegeben, und innerhalb der verschiedenen Gruppen entwickelten sich jeweils eigene Varianten bei der Fertigung und Nutzung der »Angeln«. Dies geschah unabhängig davon, welche Pflanzen zur Verfügung standen und wie die Termitennester in ihrem Revier beschaffen waren.

Schimpansen neigen wie Bonobos dazu, solche Aspekte der kulturellen Identität als Abgrenzungsmerkmal zu anderen Gruppen zu behandeln, anstatt die Chance zum kulturellen Austausch zu nutzen. Wenn geschlechtsreife Schimpansenweibchen ihre Geburtsgruppe verlassen und sich einer anderen anschließen, schalten sie nach einer Weile von den mitgebrachten Traditionen auf die neuen um.

Bei wilden Schimpansengemeinschaften wurden inzwischen Dutzende Verhaltensweisen mit offensichtlichen kulturellen Variationen identifiziert. Sie betreffen den Gebrauch von Werkzeugen, das *Grooming* (soziale Fellpflege) und ähnliches Sozialverhalten sowie die Regeln beim Liebeswerben. Zusammengenommen ergäbe das einen großen kollektiven Wissenspool – wäre es da nicht sinnvoll, auf alles zuzugreifen, anstatt einige Ideen zu ignorieren? Gewisse Termitenangelmethoden sind sicherlich besser als andere, und da sich Schimpansen ganz natürlich zwischen den Gruppen bewegen, hätten sie Gelegenheit, Alternativen zu prüfen. Im Rahmen einer Studie wurde mehreren Gruppen wilder Schimpansen Nahrung angeboten, an die sie nur kamen, wenn sie sich als geschickte Werkzeugmacher und -nutzer erwiesen. Die Gruppen beobachteten sich gegenseitig und übernahmen gewinnbringende Innovationen anderer – falls die Mehrheit der eigenen Gruppe dafür »votierte«. Je freundschaftlicher sich die Gruppen begegneten, desto bereitwilliger lernte die eine von der anderen. Wie es scheint, sind kulturelle Unterschiede für einen starken Gruppenzusammenhalt enorm wichtig – selbst wenn man sich damit das Leben schwer macht.

Lokale Traditionen

Eine plötzlich aus dem Wasser ragende hohe, schwertförmige, schwarze Rückenflosse kündet von der Anwesenheit des wohl gefürchtetsten Räubers der Meere. Höchstwahrscheinlich erscheinen dann noch mehr schwarze Finnen, denn dieser Killer fühlt sich in Gesellschaft wohl, und es ist seine soziale Natur, die ihn zum Meister-Jäger macht. Im Team können Orcas es mit jedem anderen Meeresbewohner – vom mächtigsten Hai bis zum riesigsten ihrer Mit-Wale – aufnehmen und triumphieren. Wir sollten dankbar sein, dass sie uns – warum auch immer – nicht angreifen, wenn wir in ihre Wasserwelt eintauchen.

Orcas sind auch als Schwert- oder Killerwale bekannt, doch taxonomisch gehören sie zu den Delfinen. Genau genommen sind die Delfine taxonomisch allerdings eine Untergruppe der Zahnwale, also bleiben wir einfach bei »Orca«. Egal wie man sie nennt – mit ihrer auffälligen Schwarz-Weiß-Färbung und der eindrucksvollen Finne sind sie unverwechselbar. Wir glauben oft, dass man nur mit geschickten Händen, wie wir sie haben, ein erfolgreicher Räuber sein kann, doch Orcas sind bestens gerüstet: Obwohl sie massig sind, macht ihr stromlinienförmiger Körper sie zu schnellen Schwimmern, ihre Brustflossen und ihre Fluke sind kräftig, in ihrem Rundschädel sitzen 56 scharfe, ineinandergreifende Zähne und ein etwa 6 Kilo schweres, ständig neue Strategien ersinnendes Gehirn. *Ein* Orca ist gefährlich, mehrere sind eine kaum aufzuhaltende Naturgewalt.

Besonders faszinierend ist, wie sehr sich die Jagdtaktiken der einzelnen Gruppen unterscheiden. Orcas sind in allen Weltmeeren heimisch, doch jede Familiengruppe (Schule, auch Pod) bleibt einem Gebiet treu und einige haben charakteristische Techniken für die Jagd auf eine spezifische Beute unter ganz bestimmten Bedingungen entwickelt. Inzwischen wissen wir, dass sich diese Gruppen auch ansonsten stark unterscheiden. Selbst wenn ihre Streifgebiete sich überlappen und sie sich häufig begegnen, paaren sie sich nicht untereinander. Diese Gruppen sind so verschieden, dass man sie als »Ökotypen« bezeichnet.

Derzeit gibt es zehn Ökotypen, je fünf auf der nördlichen und der südlichen Hemisphäre, und es werden sicherlich noch mehr. Einige sind besser erforscht als andere, doch zu den Unterscheidungsmerkmalen gehören familiäres Verhalten (zum Beispiel, wie lange Kälber bei der Mutter bleiben), die Größe des Heimatgebiets, die bevorzugte Beute sowie die Jagdmethoden. Außerdem gibt es anato-

Die kulturelle Evolution wirkt sich auch auf die Anatomie der vielen verschiedenen Orca-Populationen aus.

mische Unterschiede. Nordatlantik-Typ-1-Orcas etwa fressen vor allem Fische, wenn sie Haie bevorzugen, nutzen sie ihre Zähne stark ab; Nordatlantik-Typ-2-Orcas hingegen Zwerg- und andere Wale, sie haben größere, schärfere Zähne, anders geformte Augenflecken und sind deutlich größer als Typ 1. Auf der Südhalbkugel sind sich Typ B (groß) und Typ B (klein) recht ähnlich, doch der größere Typ jagt Robben, während sich der kleinere auf Pinguine spezialisiert hat. Jede Familiengruppe kommuniziert in einem eigenen Dialekt, den Kälber von ihren Müttern lernen. Das Vokabular wird immer wieder erweitert, etwa durch »falsche« Nachahmungslaute eines Jungtiers, die sich bei allen durchsetzen – so wie wir Menschen Versprecher in unsere Familiensprache aufnehmen.

Wir können hier den Prozess der Spezialisierung beobachten: Haben sich über viele nachfolgende Generationen hinweg durch natürliche Selektion weitere Eigenheiten entwickelt, erreichen die Ökotypen den Punkt, an dem es für sie unmöglich ist, sich zu kreuzen (sie vermeiden es jetzt schon). Wenn sich eine *Stammart* durch Anpassung an unterschiedliche Lebensweisen in mehrere Arten teilt, nennt man das *adaptive Radiation*. Beispiele sind auf der ganzen Welt zu finden. Das berühmteste sind wohl die Finken auf den Galapagosinseln, die Charles Darwin beschrieb. Die Darwinfinken stammen von einer Spezies ab, die vom Festland auf die Inseln kam und sich in 14 Arten entwickelte, die sich in ihrer Größe, Schnabelform und Ernährungsweise unterscheiden und jeweils eine eigene ökologische Nische besetzen. Weil diese abgelegenen Inseln vulkanischen Ursprungs und relativ jung sind, wurden sie nur von Pflanzen und Tieren besiedelt, die es auf dem See- oder Luftweg dorthin verschlagen hatte. Sie sind eine Art natürliches Laboratorium, in dem eine zufällige Auswahl von Spezies lebt, die sich durch relativ schnelle natürliche Selektion an ihre Umgebung angepasst hat. Viele Spezies der Galapagos-Flora und -Fauna sind nur auf einer Insel zu finden, denn durch die räumliche Trennung hatten sie keine Chance, sich mit ihren nächsten Verwandten auf den anderen Inseln zu kreuzen.

Kultur beeinflusst Biologie

Bei den Orcas verhält es sich jedoch ein wenig anders. Sie haben sich über Jahrmillionen hinweg in den schrankenlosen Weltmeeren entwickelt und waren nie voneinander isoliert. Für diese ungemein intelligenten und kommunikationsfreudigen Säugetiere, die ihr ganzes langes Leben in einer stabilen Gruppe verbringen, spielt das kulturelle Lernen naturgemäß eine große Rolle. Jagdtricks, wie das Robben-von-Eisschollen-Schubsen oder das Einfangen von Fischschwärmen in einem Netz aus Luftblasen, schaut sich eine Generation von der vorigen ab. Das divergierende Verhalten der Ökotypen ist also auf kulturelle Transmission zurückzuführen, doch die damit einhergehende Entwicklung der Anatomie und Physiologie ist nur mit einem sich verändernden Erbgut zu erklären. Somit sind (nach jetzigem Wissensstand) die Orcas – außer uns – die einzige Spezies, deren genetische Evolution von kulturellen Faktoren bestimmt wird. Wir entwickelten zum Beispiel eine Laktosetoleranz, nachdem wir begonnen hatten, Milchvieh zu halten. Die natürliche Selektion begünstigte diejenigen Gene, die es uns ermöglichten, die neue Nahrung ohne Bauchschmerzen zu trinken.

Auch beim Spielverhalten, das keinen offensichtlichen Überlebensvorteil hat, beweisen Orcas wie wir eine schnelle kulturelle Transmission: Wir hatten die »Ice Bucket Challenge«, die Orcas hatten die »Lachshut-Challenge«. Insbesondere junge Orcas sind sehr neugierig und erfinderisch, alles Neue scheint sie magisch anzuziehen, und sie probieren alle möglichen merkwürdigen Verhaltensweisen aus. 1987 wurde eine junge Kuh aus einer Schule im nordwestlichen Pazifik gesichtet, die einen toten Lachs auf dem Kopf balancierte. Innerhalb von sechs Wochen hatten sich Dutzende Orcas aus dieser Schule, aber auch aus anderen, den Trend abgeschaut und trugen ihrerseits »Lachshüte«. Nach einer Weile schienen sie die Lust zu verlieren, und seither wurde dieses Verhalten nicht mehr beobachtet.

Der jüngste Orca-Trend ist das Bootrammen. Seit 2020 interagieren Gruppen von Orcas in der Straße von Gibraltar und an der iberischen Atlantikküste, inzwischen auch im Mittelmeer, immer wieder mit Segelschiffen (Forscher vermeiden es , von Angriffen zu sprechen). Sie rammen die Boote mit dem Kopf und versuchen gezielt, die Ruder zu zerstören. Bisher wurden über 500 Interaktionen von Orcas mit Booten registriert, drei Schiffe sanken (Segler kamen nicht ums Leben). Die Forscher sind sich einig, dass es sich hierbei um ein kulturell erlerntes Verhalten handelt. Warum es zu diesen Attacken kommt, ist allerdings noch nicht geklärt. Wir sollten ein wachsames Auge auf die Orcas und ihre Marotten haben: Wer weiß, was sie sich als Nächstes einfallen lassen.

DACHSAMMER *ZONOTRICHIA LEUCOPHRYS*

Eine eigene Hymne

Ein geübter Vogelbeobachter erkennt einen Singvogel allein am Gesang. Das wäre nicht möglich, wenn jedes Individuum einer Spezies sich seinen Gesang mal eben so selbst ausdächte. Auch für die Vögel selbst ist ein wiedererkennbarer, auf Dauer beibehaltener Gesang natürlich von Vorteil. Meist singen die männlichen Vögel, und es ist seit Langem bekannt, dass junge männliche Singvögel vor allem von ihren Vätern lernen. Den erlernten Gesang schmücken sie mit eigenen Sequenzen aus (der Prachtleierschwanz ist ein Meister darin, *siehe* Seite 80), doch die Kernmelodie wird von Generation zu Generation weitergegeben – von den Männchen kopiert und von allen verstanden.

Manchmal gibt es regionale Varianten eines Speziesgesangs, die sich so deutlich voneinander unterscheiden, dass selbst wir Menschen sie heraushören können. Die Dachsammer, ein entzückender nordamerikanischer Singvogel, gehört zu den Spezies, die in verschiedenen *Dialekten* singen. Ihr Gesang kombiniert einfache (ET) und komplexe (KT) Tonfolgen, deren Höhe, Tempo und Frequenz so unterschiedlich ausfallen, dass die Biologen innerhalb einer gut erforschten Population der nordwestpazifischen Küste zwölf Dialektgruppen definieren konnten. Ein Dialekt verwendet mehr oder weniger dieselben ETs, bei den KTs wird stärker variiert und mit brandneuen oder improvisierten Phrasen gearbeitet. (Der Schlusstriller klingt bei allen Populationen gleich.)

Anhand von Tonaufnahmen, zwischen denen 30 Jahre lagen, konnten Ornithologen feststellen, dass sich die ET-Elemente deutlich weniger verändert hatten als die KT-Elemente (der Schlusstriller war unverändert). Sie kamen zu dem Schluss, dass sich die einzelnen Liedsequenzen unabhängig voneinander weiterentwickeln. Ein junges Dachsammerhähnchen ahmt die ET-Phrasen seines Vaters nach und bestätigt so seine Zugehörigkeit zu seiner Dialektgruppe. Die KTs erlauben ihm, sich als experimentell oder anpassungsfähiger zu beweisen (höhere Tonfrequenzen etwa durchdringen den Stadtlärm) – und seine »besten« KT-Elemente werden von anderen kopiert. Der Gesang dieses Vogels ist ein Paradebeispiel für natürliche kulturelle Evolution – ein paar neue Ideen werden verworfen, andere werden beibehalten und von jeder neuen Generation leicht abgewandelt.

Der stolz vorgetragene Gesang der Dachsammer enthält Refrains, die über viele Generationen weitergereicht wurden, und einige individuelle Phrasen.

Bonobos lieben die Liebe, nicht den Streit; die einzelnen Gruppen bewahren sich durch höfliche Abgrenzung ihre eigene kulturelle Identität.

Wir sind anders als ihr

Der Bonobo (früher auch Zwergschimpanse genannt) ist erst seit 1929 als eigene Art anerkannt. Er ist der kleinere, friedlichere, sozialere und sexseligere Cousin des besser bekannten Gemeinen Schimpansen. Sie ähneln sich im Aussehen, doch der Bonobo ist zierlicher, hat dunkleres Fell, dunkle Haut und rote Lippen. Beide Spezies leben in Zentralafrika und beide gelten als unsere nächsten lebenden Tierverwandten. Man könnte sagen, dass sie zwei Aspekte der menschlichen Psyche repräsentieren – auf der einen Seite der sanfte, aufmerksame Bonobo, auf der anderen der laute, streitlustige Schimpanse. Die meisten von uns würden wohl den Charakter des Bonobos für sich erstrebenswert finden, obwohl es uns peinlich sein mag, dass sie ihr Sozialleben mit häufigem Sex regeln.

Weil sie weniger aktiv, innovativ und dynamisch als Schimpansen zu sein scheinen, hielt man sie lange Zeit auch für weniger intelligent. Inzwischen wissen wir, dass sie zwar andere, nicht aber unterlegene kognitive Fähigkeiten besitzen. Sie sind vorsichtiger als die Schimpansen und nicht so geschickt im Umgang mit Werkzeugen, doch bei Aufgaben, bei denen soziale Kompetenz gefragt ist, wie das richtige Einschätzen der Befindlichkeit anderer, schneiden sie besser ab. Ihr Gehirn weist eine hohe Neuronenzahl in den Regionen auf, die (zumindest bei uns) für Empathie und soziale Phobien zuständig sind; und die Regionen, die Aggression und Impulskontrolle regeln, sind eng verknüpft – deshalb haben sie ihre Gefühle wohl besser im Griff als die schnell aufbrausenden Schimpansen.

Trotz ihres friedfertigen Gruppenlebens sind Bonobos durchaus fähige Jäger, die kleinere Säugetiere, aber auch andere Primaten töten. Wir Menschen waren schon schockiert, als wir herausfanden, dass Schimpansen Jäger sind, die nicht nur Babyaffen verspeisen, sondern ihre Jagden zudem mit aufgeregtem Geschrei begleiten. Auch wenn eine Gruppe auf eine andere trifft, geht es dezibeltechnisch hoch her, doch dann kreischen die Tiere aus Angst oder Wut, nicht aus Lust an der Jagd.

Bonobos hingegen begrüßen selbst völlig fremde Artgenossen nicht kreischend, sondern bieten ihnen etwas zu fressen oder Sex an. Dabei wissen sie genau, zu welcher Gruppe sie gehören. Im Kokolopori-Bonobo-Reservat in der Demokratischen Republik Kongo beobachteten Forscher bei zwei Bonobogruppen, deren Streifgebiete sich überlappten, dass jede dieser Gruppen ein bevorzugtes Beutetier hatte.

Die eine Gruppe hatte sich auf Ducker (kleine waldbewohnende Antilopen) spezialisiert, die andere auf Dornschwanzhörnchen (kleine Nager, die im Gleitflug von Baum zu Baum segeln). Die Jagd auf diese grundverschiedenen Beutetiere verlangte grundverschiedene Jagdtechniken, die den Mitgliedern der jeweiligen Gruppe von älteren, erfahrenen Tieren beigebracht wurden. Obwohl die beiden Gruppen regelmäßig im selben Gebiet jagten, setzten sie doch meistens ihrer bevorzugten Beute nach. Die Duckerjäger gingen manchmal auf Baumhörnchenjagd und bewiesen, dass sie nichts dagegen hatten, auf Bäume zu klettern, doch sie verfolgten nur selten Dornschwanzhörnchen. Das Verhalten der Gruppen ist also höchstwahrscheinlich einem kulturellen, nicht aber einem ökologischen Unterschied geschuldet.

Freie Liebe mit einem Quäntchen Hass

Wie gesagt, im Sozialleben der Bonobos dreht sich alles um Sex. Männchen und Weibchen haben Sex mit wechselnden Partnern, egal ob ein Weibchen im Östrus ist oder nicht, es kommt regelmäßig bei beiden Geschlechtern zu homosexuellen Interaktionen und selbst »Kleinkinder« haben Sexualkontakte mit Erwachsenen. Inzest ist ebenfalls zu beobachten, das einzige Tabu scheint der Sex von Müttern mit Söhnen zu sein. Bonobomütter »verkuppeln« ihre Söhne aber häufig mit Weibchen im Östrus. Man geht davon aus, dass dieses ungezügelte Liebesleben soziale Spannungen abbauen soll, doch es hat noch einen weiteren Vorteil. Bei Schimpansen hat das dominante Männchen einen Harem, und die übrigen Männchen haben kaum Chancen, sich zu paaren. Glaubt aber der Alpha-Schimpanse, ein bestimmtes Neugeborenes nicht gezeugt zu haben, tötet er es. Die Bonoboweibchen sorgen durch regelmäßigen Sex mit fast allen Männchen der Gruppe dafür, dass keiner sich als Vater wähnen darf, und so kommt es selten zum Infantizid.

Sex ist auch eine Möglichkeit, Freundschaften zu schließen, und Bonobofreundschaften (gleich- wie auch andersgeschlechtliche) sind meist liebevoll und fürsorglich. Die Weibchen tolerieren keine forschen Avancen von Männchen und rufen falls nötig Freundinnen zu Hilfe. Sanfte und respektvolle Männchen haben weitaus größere Chancen bei ihnen, sowohl als Freund als auch als Kindsvater.

So fair und friedlich das Bonoboleben auch scheint, ist es doch keinesfalls frei von Konflikten. Bei den Schimpansen sind die Männchen weitaus aggressiver als die Weibchen, bei den Bonobos sind meist die Weibchen (vor allem die älteren) etwas aggressiver als ihre männlichen Artgenossen, und auch aggressiver als Schimpansenweibchen, vor allem in Gefangenschaft, wo es regelmäßig zu Futterneid und Streit kommt. In einer Bonobogruppe dominieren die Weibchen und meist sind sie es, die Jagden anführen und neue, nützliche Verhaltensweisen wie den Werkzeuggebrauch erfinden. Auch als Mörderinnen kommen sie eher infrage – bei den einzigen beiden dokumentierten Mordfällen unter Bonobos griffen ein beziehungsweise mehrere Weibchen ein Männchen an.

Kulturclash

Bonobos und Schimpansen haben, obwohl sie sich physisch so ähnlich sind, völlig verschiedene Kulturen und Verhaltensweisen entwickelt. Vergleichbare Unterschiede zwischen verschiedenen Bonobopopulationen deuten darauf hin, dass es zu weiterer *Diversifikation* (Aufspaltung einer Stammart) kommen könnte. Die genetischen Unterschiede zwischen Schimpansen sind so groß, dass sie heute in vier Subspezies unterteilt werden. Die Zukunft der Bonoboevolution könnte jedoch von Faktoren abhängen, auf die sie (anders als wir) keinen Einfluss haben. Sie stehen auf der Roten Liste der stark gefährdeten Arten – ihr Lebensraum ist klein und ihr Bestand wird auf maximal 50 000 Individuen geschätzt. Auch Schimpansen sind gefährdet, aber mit etwa 300 000 Vertretern noch zahlreicher. Beide Spezies werden von Habitatverlust, Buschfleischjagd und der Ausbreitung von allerlei Krankheiten bedroht.

Obwohl zahlreiche Biologen unermüdliche Feldforschungen betreiben, wissen wir nur wenig über diese faszinierenden Menschenaffen – als Individuen und als Gesellschaften –, dabei können wir so viel von ihnen lernen. Glücklicherweise haben wir in den letzten Jahrzehnten davon Abstand genommen, sie ihrer menschenähnlichen Merkmale wegen auszunutzen und als Zirkustiere der Lächerlichkeit preiszugeben, und studieren stattdessen ihr natürliches Verhalten in der Wildnis. Doch wir müssen uns stärker für ihren Schutz und den Schutz ihrer Habitate einsetzen. Kein Tier, schon gar nicht so ein sensibles und intelligentes wie ein Bonobo oder ein Schimpanse, kann sein wahres und natürliches Ich ausleben, wenn sein Leben und die Zukunft seiner Familie in höchster Gefahr sind.

Ari, C. und D. P. D'Agostino: »Contingency Checking and Self-Directed Behaviors in Giant Manta Rays: Do Elasmobranchs Have Self-Awareness?«, in: *Journal of Ethology* 34 (2016), S. 167–174

Battley, P. F. u. a.: »Contrasting Extreme Long-Distance Migration Patterns in Bar-Tailed Godwits«, in: *Limosa lapponica. Journal of Avian Biology* 43, Nr. 1 (2012), S. 21–32

Bertram, J. E. A.: »New Perspectives on Brachiation Mechanics«, in: *Yearbook of Physical Anthropology* 47 (2004), S. 100–117

Channon, A. J. u. a.: »The Extraordinary Athletic Performance of Leaping Gibbons«, in: *Biol Lett* 8, Nr. 1 (23. Februar 2012), S. 46–49

Courchamp, F. und D. Macdonald: »Crucial Importance of Pack Size in the African Wild Dog *Lycaon pictus*«, in: *Animal Conservation Forum*, 4, Nr. 2 (2001), S. 169–174

Daniels, R. A.: »Nest Guard Replacement in the Antarctic Fish *Harpagifer bispinis*: Possible Altruistic Behavior«, in: *Science* 205, Nr. 4408 (24. August 1979), S. 831–833

Davies, N. B.: *Cuckoos, Cowbirds and Other Cheats*, London: T & AD Poyser Ltd, 2000

De León, A., E. Mínguez und B. Belliure: »Self-Odour Recognition in European Storm-Petrel Chicks«, in: *Behaviour* 140, Nr. 7 (Juli 2003)

Delmore, K. u. a.: »The Evolutionary History and Genomics of European Blackcap Migration«, in: *elife* 9 (21. April 2020)

Derryberry, E. P. u. a.: »Patterns of Song Across Natural and Anthropogenic Soundscapes Suggest That White-Crowned Sparrows Minimize Acoustic Masking and Maximize Signal Content«, in: *PLoS ONE* 11, Nr. 4 (29. April 2016)

Edgar, J. L., J. C. Lowe, E. S. Paul und C. J. Nicol: »Avian Maternal Response to Chick Distress«. Vorab online erschienen, in: *Proceedings of the Royal Society B* (22. Oktober 2011)

Gibbs, H. u. a.: »Genetic Evidence for Female Host-Specific Races of the Common Cuckoo«, in: *Nature* 407 (14. September 2000), S. 183–186

Goumas, M., I. Burns, L. A. Kelley und N. J. Boogert: »Herring Gulls Respond to Human Gaze Direction«, in: *Biol. Lett. (*30. August 2019)

Grubb, T. C. Jr.: »Olfactory Guidance of Leach's Storm Petrel to the Breeding Island«, in: *The Wilson Bulletin* 91, Nr. 1 (1979), S. 141–143

Hare, J. F., K. L. Campbell und R. W. Senkiw: »Catch the Wave: Prairie Dogs Assess Neighbours' Awareness Using Contagious Displays«, in: *Proc. R. Soc. B.* (2014)

Hoffman, S.: »Ape Fracture Patterns Show Higher Incidence in More Arboreal Species«, in: *Discussions* 8, Nr. 2 (2012)

Hunger, C.: *How Stella Learned to Talk. The Groundbreaking Story of the World's First Talking Dog*, London: Pan Macmillan, 2021. Dt.: *Wie ich meinem Hund das Sprechen beibrachte*, München, Goldmann, 2022

Hutchison, L. V. und B. Wenzel: »Olfactory Guidance in Foraging by Procellariiformes«, in: *Condor* 82 (1980)

Ibáñez-Álamo, J. D. u. a.: »Nest Predation Research: Recent Findings and Future Perspectives«, in: *J Ornithol* 156 (Suppl. 1; 2015), S. 247–262

López Caicoya A., M. Colell und F. Amici: »Giraffes Make Decisions Based on Statistical Information«, in: *Scientific Reports* 13, Nr. 1 (Mai 2023)

Luncz, L. V. und C. Boesch: »Tradition Over Trend: Neighboring Chimpanzee Communities Maintain Differences in Cultural Behavior Despite Frequent Immigration of Adult Females«, in: *American Journal of Primatology* 76, Nr. 7 (Juli 2014), S. 649–657

Marler P. und M. Tamura: »Song ›Dialects‹ in Three Populations of White-Crowned Sparrows«, in: *Condor* 64 (1962), S. 368–377

Dies.: »Culturally Transmitted Patterns of Vocal Behavior in Sparrows«, in: *Science* 146, Nr. 3650 (11. Dezember 1964)

Mather, J.: »The Case for Octopus Consciousness: Temporality«, in: *NeuroSci* 3, Nr. 2 (3. Mai 2022), S. 245–261

Mills, S. C. und I. M. Côté: »Crime and Punishment in a Roaming Cleanerfish«, in: *Proc Biol Sci* 7, Nr. 277 (1700) (23. Juni 2010), S. 3617–3622

Mizutani, A., J. Chahl und M. Srinivasan: »Motion Camouflage in Dragonflies«, in: *Nature* 423, Nr. 604 (5. Juni 2003)

Nagel, T.: »What Is It Like to Be a Bat?« *The Philosophical Review* 83, Nr. 4 (Oktober 1974). *What Is it Like to Be a Bat?/Wie ist es, eine Fledermaus zu sein?*, englisch/deutsch, Ditzingen, Reclam, 2018

Nelson, D. A., K. L. Hallberg und J. A. Soha: »Cultural Evolution of Puget Sound White-Crowned Sparrow Song Dialects«, in: *Ethology* 110 (2004), S. 879–908

Panksepp, J.: »Beyond a Joke: From Animal Laughter to Human Joy?«, in: *Science* 308, Nr. 5718 (1. April 2005), S. 62–63

Papageorgiou, D. u. a.: »The Multi-level Society of a Small-Brained Bird«, in: *Current Biology* 29, Nr. 21 (4. November 2019)

Papastamatiou, Y. P. u. a.: »Social Dynamics and Individual Hunting Tactics of White Sharks Revealed by Biologging«, in: *Biol. Lett* 18, Nr. 3 (März 2022)

Pascual-Garrido, A.: »Cultural Variation Between Neighbouring Communities of Chimpanzees at Gombe, Tanzania«, in: *Scientific Reports* 9, Nr. 8260 (Juni 2019)

Pepperberg, I. M.: *The Alex Studies: Cognitive and Communicative Abilities of Grey Parrots*, Cambridge, MA: Harvard University Press, 1999

Prior, H., A. Schwarz, O. Güntürkün: »Mirror-Induced Behavior in the Magpie (*Pica pica*): Evidence of Self-Recognition«, in: *PLoS Biol* 6 (19. August 2008)

Rapaport, L. G.: »Progressive Parenting Behavior in Wild Golden Lion Tamarins«, in: *Behav. Ecol.* 22, Nr. 4 (Juni 2011), S. 745–754

Rickitt, R.: *Beekeeping for Gardeners*, London: Bloomsbury, 2023

Ruano, F. u. a.: »*Rossomyrmex*, the Slave-Maker Ants from the Arid Steppe Environments«, in: *Psyche* (19. Juni 2013)

Ders. u. a.: »Dufour's Gland Secretion as a Repellent Used During Usurpation by the Slave-Maker Ant *Rossomyrmex minuchae*«, in: *Journal of Insect Physiology* 51, Nr. 10 (Oktober 2005), S. 1158–1164

Sakai, S. T. u. a.: »Big Cat Coalitions: A Comparative Analysis of Regional Brain Volumes in Felidae«, in: *Frontiers in Neuroanatomy* 10 (20. Oktober 2016)

Samuni, L., F. Wegdell und M. Surbeck: »Behavioral Diversity of Bonobo Prey Preferences as a Potential Cultural Trait«, in: *elife* 9 (1. September 2020)

Sändig, S., H.-U. Schnitzler und A. Denzinger: »Echolocation Behaviour of the Big Brown Bat (*Eptesicus fuscus*) in an Obstacle Avoidance Task of Increasing Difficulty«, in: *J. Exp. Biol.* 217, Nr. 16 (2014), S. 2876–2884

Smith, J. D. u. a.: »The Uncertain Response in the Bottlenosed Dolphin (*Tursiops truncatus*)«, in: *Journal of Experimental Psychology:* General 124, Nr. 4 (Dezember 1995), S. 391–408

Thurber, J. M. und Peterson, R. O.: »Effects of Population Density and Pack Size on the Foraging Ecology of Gray Wolves«, in: *Journal of Mammalogy* 74, Nr. 4 (30. November 1993), S. 879–889

Towner. A. V. u. a.: »Fear at the Top: Killer Whale Predation Drives White Shark Absence at South Africa's Largest Aggregation Site«, in: *African Journal of Marine Science* 44, Nr. 2 (9. Oktober 2022), S. 139–152

van Leeuwen, E. J. C. u. a.: »Social Culture in Bonobos«, in: *Current Biology* 30 (23. März 2020), S. R261–262

Watts, H. E. und K. E. Holekamp: »Hyena Societies«, in: *Current Biology* 17, Nr. 16 (21. August 2007)

Whitehead, H., L. Rendell, R. W. Osborne und B. Würsig: »Culture and Conservation of Non-Humans With Reference to Whales and Dolphins: Review and New Directions«, in: *Biological Conservation* 120, Nr. 3 (Dezember 2004)

Whiten, A.: »Does Culture Shape Hunting Behavior in Bonobos?«, in: *elife* 9 (1. September 2020)

Ders. u. a.: »Collective Knowledge and the Dynamics of Culture in Chimpanzees«, in: *Philos. Trans. R. Soc. Lond. B. Biol. Sci.* 377, Nr. 1843 (31. Januar 2022)

Williams, H.: »Mechanisms of Cultural Evolution in the Songs of Wild Bird Populations«, in: *Front. Psychol.* 12 (26. April 2021)

Yong, E.: *An Immense World*, London, Penguin, 2023. Dt. *Die erstaunlichen Sinne der Tiere*, München, Verlag Antje Kunstmann, 2022

»African Wild Dog«, African Wildlife Foundation, www.awf.org/wildlife-conservation/african-wild-dog (aufgerufen Dezember 2022)

»Alex, the Talking Parrot«, British Library, www.bl.uk/thelanguage-of-birds/articles/alex-the-african-grey-parrot (aufgerufen September 2022)

»An Evolutionary Magic Trick Is Popping Up Everywhere«, *The Atlantic* (20. November 2022), www.theatlantic.com/science/archive/2022/11/supergenes-dna-genetics-evolution/672176/?utm_source=apple_news

»Brown-Mantled Tamarin Monkey«, http://knowledgebase.lookseek.com/Brown-Mantled-Tamarin-Monkey.html (aufgerufen Januar 2023)

»Chimps Beat Humans in These Cognitive Tests«, https://bigthink.com/life/chimpanzees-beat-humans (aufgerufen 21. Mai 2023)

»Computational Principles Underlying Neural Circuit Dynamics and Behavior«, www.janelia.org/lab/leonardo-lab (aufgerufen Oktober 2022)

»Dance Language of the Honey Bee«, https://beehealth.extension.org/dance-language-of-the-honey-bee (20. August 2019)

»Echo's Family Tree«, PBS Nature (8. Februar 2008), www.pbs.org/wnet/unforgettable-elephants-echos-family-tree/4488

»*Eciton burchellii*«, www.antwiki.org/wiki/Eciton_burchellii (aufgerufen November 2022)

»Elephants Grieve, They Even Have Funerals« (8. Oktober 2018), https://brigitteganger.medium.com/elephants-grieve-a8fe4a0d62e2

»Grevy's Zebra (*Equus grevyi*) Fact Sheet: Behaviour and Ecology«, San Diego Zoo Wildlife Alliance Library, https://ielc.libguides.com/sdzg/factsheets/grevyszebra/behavior (aufgerufen April 2023)

»How Young Killer Whales Became Hooligans« (29. September 2022), www.atlasobscura.com/articles/killer-whale-orca-trends?utm_medium=atlas-page&utm_source=facebook&fbclid=IwAR3NADc_CUvdPHLbFEgsi8R3L4ilFOg2Ppzag4BcYvkWuYy0ofLkUF4L8EQ_

»Humpback Whale Tries To Save Diver From Tiger Shark«, www.youtube.com/watch?v=_bK8fGMJRLI

»I Saw Humpback Whales Save a Seal From Death by Killer Whale«, *New Scientist* (12. Oktober 2016), www.newscientist.com/article/mg23230950-700-i-saw-humpback-whales-save-a-seal-from-deathby-killer-whale

»Inky's Daring Escape Shows How Smart Octopuses Are«, *National Geographic* (14. April 2016), www.nationalgeographic.com/animals/article/160414-inky-octopus-escapes-intelligence

»Killer Whales«, NOAA Fisheries, www.fisheries.noaa.gov/species/killer-whale#populations (aufgerufen Januar 2023)

»Koko,« www.koko.org/about/gorilla-koko (aufgerufen September 2022)

»Magpies' Unexpected Reaction to GPS Trackers May Have Revealed Altruism in the Birds« (8. Februar 2022), www.npr.org/2022/02/28/1083581139/magpies-unexpected-reaction-to-gpstrackers-may-have-revealed-altruism-in-the-bi#:~:text=Transcript-,Researchers%20tried%20to%20attach%20tracking%20devices%20to%20magpies%20for%20a,of%20altruism%20in%20the%20birds

»Male Jaguar Rivals Pair Up For Years in Unexpected Bromances« (13. Dezember 2022), www.livescience.com/male-jaguar-bromances

»Plains Zebra (*Equus quagga*) Fact Sheet: Behavior and Ecology«, San Diego Zoo Wildlife Alliance Library, https://ielc.libguides.com/sdzg/factsheets/plains_zebra/behavior (aufgerufen April 2023)

»Primate Cognition«, *Nature*, www.nature.com/scitable/knowledge/library/primate-cognition-59751723 (aufgerufen 21. Mai 2023)

»Primate Cognition«, Max-Planck-Institut für evolutionäre Anthropologie, www.eva.mpg.de/psycho/primate-cognition (aufgerufen 21. Mai 2023)

»Queen of the Corvids: The Scientist Fighting to Save the World's Brainiest Birds«, *The Guardian* (19. Juni 2022), www.theguardian.com/environment/2022/jun/19/queen-of-corvids-the-scientist-fighting-tosave-the-worlds-brainiest-birds

»Saddleback Tamarin«. New England Primate Conservancy, https://neprimateconservancy.org/saddleback-tamarin (aufgerufen Januar 2023)

»Snow Leopard Drags Blue Sheep ...«, www.youtube.com/watch?v=GgDHvl1wD20 (aufgerufen Januar 2023)

»Social Behavior«, University of Minnesota, https://cbs.umn.edu/lion-research-center/all-about-lions/socialbehavior (aufgerufen Oktober 2022)

»South Asia Elephant Dies of Grief«, BBC News (6. Mai 1999), http://news.bbc.co.uk/1/hi/world/south_asia/337356.stm

»Sperm Whales in 19th Century Shared Ship Attack Information«, *The Guardian* (17. März 2021), www.theguardian.com/environment/2021/mar/17/sperm-whales-in-19th-century-sharedship-attack-information?fbclid=IwAR36qpP593B4hVfHzotcXO-MJUGWEq7NhCzRwv9SShCQ9cIQHFdLoREMOxo

»These Mighty Shorebirds Keep Breaking Flight Records—And You Can Follow Along«, *Audubon* (8. Oktober 2021), www.audubon.org/news/these-mighty-shorebirds-keep-breaking-flight-records-andyou-can-follow-along

»Weasel on Woodpecker: How I Snapped the Photo«, www.youtube.com/watch?v=Qw-OOdfogUQ (aufgerufen Dezember 2022)

»Whale Clans Use Vocalizations to Mark Their Culture« (12. September 2022), https://phys.org/news/2022-09-whale-clansvocalizations-culture.html

»What Is Consciousness Like for Other Animals and How Did It Evolve?«, *New Scientist* (7. Juli 2021), www.newscientist.com/article/mg25033420-700-what-is-consciousness-like-for-other-animals-andwhen-did-it-evolve

»Why Dolphins Are Deep Thinkers«, *The Guardian* (3. Juli 2003), www.theguardian.com/science/2003/jul/03/research.science

Der Verlag dankt für die freundliche Abdruckgenehmigung der folgenden Fotos:

2 *Burrowing Owl with Kaleidoscope Eyes* © Melissa Groo; **9** Schwarzschwanz-Präriehund, Zoo Atlanta © Joel Sartore/Photo Ark; **12–13** *Chimpanzee Dreaming*, Totti, Gemeiner Schimpanse © Peter Delaney; **17** gefährdeter Schimpanse, Singapore Zoo © Joel Sartore/Photo Ark; **18** Kiefernhäher, School of Biological Sciences, University of Nebraska-Lincoln © Joel Sartore/Photo Ark; **23** gefährdeter Asiatischer Elefant © Joel Sartore/Photo Ark; **24** Großer Tümmler, Loro Parque in Puerto de la Cruz, Teneriffa, Spanien © Joel Sartore/Photo Ark; **29** Hausschwein, Xu Wen, Provinz Guangdong, China © Staffan Widstrand/Wild Wonders of China/naturepl.com; **30** Kolkrabe © Melissa Groo; **35** Europäische Silbermöwe © Melissa Groo; **37** Oktopus, SeaWorld San Diego © Joel Sartore/Photo Ark; **40–41** Große Braune Fledermaus, Nebraska Wildlife Rehab © Joel Sartore/Photo Ark; **45** gefährdeter javanischer Silbergibbon, Gibbon Conservation Center © Joel Sartore/Photo Ark; **48** Sturmwellenläufer, Irland © T. Muukkonnen/blickwinkel/Alamy Stock Photo; **52** *Graceful Gaze*, Giraffe © Peter Delaney; **55** Große Braune Fledermaus, Washington © Michael Durham/naturepl.com; **58** Weißer Hai, Mexiko © Masa Ushioda/Blue Planet; **62** *Wild at Heart*, Wildpferd © Peter Delaney; **67** Australische Kaiserlibelle, Mulyangarie Station, South Australia © Gerhard Koertner/Alamy Stock Photo; **68–69** *Zebra Dance*, Steppenzebra (Burchell-Zebra) © Peter Delaney; **73** Blauwal, Indischer Ozean, vor der Küste Sri Lankas © Alex Mustard/naturepl.com; **74** Schwarzschwanz-Präriehund, USA © Tom Vezo/naturepl.com; **79** *Dazzle*, Steppenzebra (Burchell-Zebra) © Peter Delaney; **81** Prachtleierschwanz, Healesville Sanctuary © Joel Sartore/Photo Ark; **82** Westliche Honigbiene © Ingo Arndt; **87** Pottwal-Schule, Dominica, Karibik © Franco Banfi/naturepl.com; **88** Haushund © Greig Reid/500px/Getty Images; **92** Großer Tümmler, Roatan, Honduras © Jürgen & Christine Sohns/FLPA/Nature in Stock; **95** gefährdeter Graupapagei, Dallas Zoo © Joel Sartore/Photo Ark; **96–97** *Bonds of Love*, Afrikanische Elefanten © Peter Delaney; **101** Wanderameisen-Arbeiterinnen, Isla Barro Colorado, Panama © Mark Moffett/naturepl.com; **102** Afrikanischer Wildhund © Melissa Groo; **107** Flötenvögel, Oklahoma City Zoo © Joel Sartore/Photo Ark; **109** *Motherhood, Lioness and Cubs* © Peter Delaney; **110–111** *Bonding*, Schwarzmähnenlöwen der Kalahari © Peter Delaney; **115** Geierperlhuhn, Lincoln Children's Zoo © Joel Sartore/Photo Ark; **118** potenziell gefährdeter Jaguar, Omaha Henry Doorly Zoo © Joel Sartore/PhotoArk; **121** *The Caress*, Afrikanische Elefanten © Peter Delaney; **122–123** *Deepest Slumber*, Afrikanische Elefanten © Peter Delaney; **126–27** Riesenmanta, Revillagigedo-Inseln, Mexiko © Alex Mustard/naturepl.com; **131** Ameisen der Spezies *Pogonomyrmex rugosus*, Springs Preserve © Joel Sartore/Photo Ark; **135** Riesenmanta, Socorro, Baja California, Mexiko © Ken Kiefer/Cultura Creative Ltd/Alamy Stock Photo; **136** männlicher Silberrücken, Westlicher Flachlandgorilla, Bai Hokou, Dzanga Sangha Special Dense Forest Reserve, Zentralafrikanische Republik © Fiona Rogers/naturepl.com; **141** Eurasische Elster, Deutschland © Juergen Kosten/imageBROKER/Getty Images; **142** Farbratte, Capital Humane Society © Joel Sartore/Photo Ark; **145** Große Tümmler, Neuseeland, Nordinsel © Richard Robinson; **146–147** *Lingering*, Tüpfelhyänen © Peter Delaney; **151** juveniler Kuckuck, Zoo Budapest © Joel Sartore/Photo Ark; **153** *Eyes Wide Open*, Tüpfelhyäne © Peter Delaney; **154** Rote Ameise, Arbeiterin, Surrey, England © Kim Taylor/naturepl.com; **157** gefährdeter Mexikanischer Wolf, Wild Canid Survival and Research Center © Joel Sartore/Photo Ark; **158–159** *High Altitude Pursuit*, ein Tibetischer Wolf jagt eine Gazelle © Haiyuan Tong; **163** Putzerlippfisch, East of Eden, Similan-Inseln, Thailand © Alex Mustard/naturepl.com; **164–165** Kolkraben, Kuikkajärvi, Kuhmo, Finnland © Frans Lemmens/Nature in Stock; **169** Honigdachs, Fort Wayne Zoo © Joel Sartore/Photo Ark; **170** Kolkrabe, Utah © Melissa Groo; **175** Schneeleopard © Abeselom Zerit/500px/Getty Images; **176–177** *Eye to Eye*, Schneeleopard mit dem Kadaver eines Bharals © Xiaoyun Luo; **178** Mauswiesel, Western North Carolina Nature Center © Joel Sartore/Photo Ark; **182** Pfuhlschnepfe, Chesil Beach, Dorset, England © Gary Spicer/Nature in Stock; **187** Kaiserpinguine und ein Küken, Atka Bay, Antarktis © Stefan Christmann/naturepl.com; **188–189** Buckelwalkuh mit Kalb, Vava'u, Tonga © Tony Wu/naturepl.com; **193** *Widowmaker*, Steppenbüffel © Peter Delaney; **194–195** *Out of the Storm*, Steppenbüffel © Peter Delaney; **196** Braunrückentamarin, Zoologico Cafam Melgar, Kolumbien © Joel Sartore/Photo Ark; **199** Buckelwal © Renee Capozzola; **202** Laysanalbatros-Paar, Kauai, Hawaii © Melissa Groo; **205** Antarktisraubfisch, Antarktische Halbinsel, Antarktis © Jordi Chias/naturepl.com; **209** Plymouth-Rock-Haushuhn, Lincoln, Nebraska © Joel Sartore/Photo Ark; **210–211** Bonobo, Mutter und Kind, Lola Ya Bonobo Sanctuary, Demokratische Republik Kongo © Anup Shah/naturepl.com; **215** männlicher Japanmakak, Zoo in Rom © Joel Sartore/Photo Ark; **219** *Drosophila virilis* (Fruchtfliegenspezies), Cincinnati Zoo © Joel Sartore/Photo Ark; **220** weiblicher Schimpanse, Gombe NP, Tansania © Anup Shah/naturepl.com; **223** Orca, SeaWorld in San Diego © Joel Sartore/Photo Ark; **227** Dachsammer © Melissa Groo; **228** Bonobo, weibliches Junges und Mutter, Lola Ya Bonobo Sanctuary, Demokratische Republik Kongo © Anup Shah/naturepl.com.

INGO ARNDT wurde in Frankfurt am Main geboren. Seit 1992 arbeitet er als Naturfotograf und reist um die ganze Welt, um Tiere und ihre Habitate festzuhalten. Mit seinen Bildern möchte er das Bewusstsein für die Vielfalt und Schönheit der Natur steigern. Seine Fotos erscheinen in renommierten Magazinen wie *National Geographic, GEO, Terra Mater* und *BBC Wildlife*, und Arndt wurde mehrfach ausgezeichnet, u. a. als »Wildlife Photographer of the Year« und als »GDT European Wildlife Photographer of the Year«.

RENEE CAPOZZOLA ist Unterwasser-Fotografin und hat sich auf Weitwinkel- und Split-level-Bilder spezialisiert. Sie ist davon überzeugt, dass faszinierende Aufnahmen uns die Verletzlichkeit der marinen Ökosysteme bewusst machen und uns dazu bewegen, unsere Ozeane zu schützen. Sie wurde mehrfach ausgezeichnet, u. a. als »Underwater Photographer of the Year« 2021 sowie »USA Photographer of the Year in the World Shootout« 2019, und belegte 2019 und 2021 den ersten Platz der »United Nations World Oceans Day Photo Competitions«. Derzeit ist sie Photographer-in-Residence der Ocean Geographic Society und Markenbotschafterin von SEACAM.

STEFAN CHRISTMANN, in Koblenz geboren, ist Naturfotograf und -filmer. Er war als Expeditionsfotograf und Kameraassistent für BBC Natural History unterwegs und gehörte zum Team, das die 2018 weltweit ausgestrahlte »Kaiserpinguin«-Episode der Reihe *BBC Dynasties* (*Wilde Dynastien;* kommentiert von David Attenborough) plante und produzierte.

Seine einzigartigen Bilder von der Antarktis und der Kaiserpinguin-Kolonie in der Atka Bay erschienen in international renommierten Magazinen wie *National Geographic* und *BBC Wildlife*. Christmann wurde für sie mit internationalen Preisen, u. a. mit dem »Wildlife Photographer of the Year Portfolio Award« 2019 und dem »Ocean Photographer of the Year Collective Portfolio Award«, ausgezeichnet.

PETER DELANEY gab eine Karriere als Finanzmakler auf, um sich einen Traum zu erfüllen und im Geländewagen durch Afrika zu reisen. Er beobachtete die letzten Berggorillas im Bwindi-Regenwald, bestieg den Kilimandscharo, sah vom Heißluftballon auf die roten Dünen der Kalahari hinab und fand zu seiner wahren Leidenschaft, der Naturfotografie. »In Afrika begann ein neues Kapitel meines Lebens, seither fange ich diesen facettenreichen Kontinent in meinen Bildern ein.«

Der gebürtige Ire zog nach George an der südafrikanischen Garden Route. »Dieser Kontinent fasziniert mich wie kein anderer, es ist nicht nur die faszinierende Tierwelt, die mich fesselt, es sind auch die unglaublichen Landschaften und die leidenschaftlichen Menschen.« Delaneys Arbeiten erschienen in zahlreichen renommierten internationalen Magazinen und er wurde mehrfach ausgezeichnet, u. a. dreimal als »BBC Wildlife Photographer of the Year«. »Es mag ein Klischee sein, aber die Fotografie ist mein Leben. Vor meinem inneren Auge entstehen, egal wo ich bin, automatisch Naturaufnahmen. Die Fotografie hat mich gelehrt, die Welt in einem anderen Licht zu sehen, und dafür bin ich unendlich dankbar.«

MELISSA GROO möchten den Menschen als Naturfotografin, Autorin und Umweltschützerin die Wunder der Natur nahebringen. Sie glaubt, dass Fotografie sowohl Kunst als auch ein eindringliches Instrument des Geschichtenerzählens ist. Sie sieht sich selbst nicht nur als Naturfotografin, sondern auch als »Naturbiographin«. Neben der äußerlichen Schönheit der Tiere möchte sie den Menschen auch deren innere Werte vor Augen führen.

Sie arbeitet als freie Redakteurin für *Outdoor Photographer* und *Audubon* und berät u. a. die National Audubon Society in Fragen der ethischen Vogelfotografie. 2020 hielt sie am Cornell Lab of Ornithology die Online-Meisterklasse *Bird Photography with Melissa Groo* in 40 Videos. 2000 bis 2005 hatte sie bereits für das Bioacoustics Research Department der Universität die Kommunikation afrikanischer Elefanten aufgenommen.

Ihre Fotos erscheinen in den Zeitschriften *Audubon, Smithsonian, Natural History* und *Outdoor Photographer, National Wildlife, Living Bird, Natural History* und *National Geographic* und erhielten Preise und lobende Erwähnungen bei nationalen und internationalen Wettbewerben, u. a. 2015 den Großen Preis der National Audubon Society und den Vision Award der North American Nature Photography Association. 2017 eröffnete die Melissa Groo Gallery im Audubon Center in Greenwich, Connecticut.

ALEX MUSTARD gilt als einer der weltweit besten Unterwasserfotografen. Er fotografiert unter Wasser, seit er neun Jahre alt ist, und machte seine Leidenschaft 2004 zum Beruf. Außerdem promovierte er in Meeresökologie.

Für seine Arbeiten wurde er mehrfach ausgezeichnet, u. a. als »Wildlife Photographer of the Year« (in neun verschiedenen Kategorien; die Fotos erschienen in 15 Büchern mit den Siegerfotos). Bei den »British Wildlife Photography Awards« gewann er in sechs Kategorien. 2007 wurde sein Buch *Reefs Revealed (Im Riff)* beim World Festival of Underwater Photography mit dem Großen Preis ausgezeichnet; 2012 ehrte man ihn für sein Bild *Night Moves* als ersten Unterwasserfotografen als »GDT European Wildlife Photographer of the Year«.

Er veröffentlichte mehrere Bücher, und seine Fotos erschienen in Begleitbüchern zu den bahnbrechenden BBC-Naturfilmserien *Life On Earth*, *Blue Planet*, *Our Planet*, *Planet Earth* und *Wild Isles*.

RICHARD ROBINSON ist ein vielfach ausgezeichneter Fotojournalist, der in seiner 25-jährigen Zeitschriften- und Zeitungskarriere einige der großen neuseeländischen Nachrichten- und Sportmomente in denkwürdigen Bildern festhielt und sich zudem auf Meeresfotografie spezialisierte.

Mit seinen einzigartigen, bewegenden Aufnahmen vom Leben unter der Meeresoberfläche will er auf die Bedrohung unserer Ozeane und all ihrer faszinierenden Bewohner aufmerksam machen. 2010 und 2013 wurde er zum »New Zealand Geographic Photographer of the Year« gewählt, 2014 zum »Press Photographer of the Year«; für das *New Zealand Geographic Magazin* reiste er u. a. auf die subantarktischen Inseln und die Kermadecinseln, den nördlichsten Außenposten von Neuseeland.

JOEL SARTORE ist mehrfach ausgezeichneter Fotograf, Redner, Autor und Naturschützer, 2018 war er »National Geographic Explorer of the Year«. Seine Arbeiten erscheinen in den Magazinen *National Geographic*, *Audubon*, *Geo* und *Smithsonian* sowie in der *New York Times*.

Er hat sich darauf spezialisiert, gefährdete Arten und Landschaften digital zu verewigen. Für sein Projekt »Photo Ark« (Foto-Arche) porträtiert er seit 25 Jahren weltweit Arten und Habitate. »Es ist Wahnsinn zu glauben, wir könnten eine Spezies und ein Ökosystem nach dem anderen ausrotten, ohne die Menschheit zu gefährden. Mit jeder Spezies, die wir retten, retten wir uns selbst.«

Zu seinen Büchern zählen *Photo Ark: A World Worth Saving (Artenreich)*, *Photo Ark Vanishing: The World's Most Vulnerable Animals (Arche der Tiere)*, *Birds of the Photo Ark (Vogelreich)* und *RARE: Portraits of America's Endangered Species*. Über ihn und seine Arbeit berichteten TV-Magazine wie *Explorer* von National Geographic, *NBC Nightly News*, *CBS Sunday Morning Show*, *ABC Nightline*, *NPR Weekend Edition*, *PBS Newshour*, *60 Minutes*, *The Today Show* u. a.

ANUP SHAH lebt in Kenia und England und arbeitet seit über 30 Jahren als Naturfotograf. Seine Bilder erschienen in *National Geographic* und vielen anderen Natur-Magazinen und -Kalendern.

2004 wurde er im Buch *The World's Top Wildlife Photographers* porträtiert, 2010 wählte ihn die *Hörzu* unter die fünf weltbesten Naturfotografen, außerdem ist er einer der zehn »Meister«, die das Buch *Masters of Nature Photography (Meister der Naturfotografie)*, 2013 vom Natural History Museum, London, veröffentlicht, vorstellte.

Shah ist Mitautor von *The Circle of Life: Wildlife on the African Savannah* und *African Odyssey: 365 Days*, beide im Verlag Abrams erschienen.

TOM VEZO war einer der besten amerikanischen Vogelfotografen, er bereiste die ganze Welt, um Vögel in ihrem Habitat, aber auch Landschaften und Säugetiere auf Film festzuhalten.

Seine Bilder erschienen in Magazinen wie *Audubon*, *Birder's World*, *National Geographic*, *National Wildlife Federation*, *Nature Conservancy* und *Natural History*. Er veröffentlichte die Bücher *Wings in the Wild*, *Birds of Prey in the American West* und *Wings of Spring* (das 2006 den »National Outdoor Book Award« in der Kategorie »Design und künstlerische Leistung« erhielt).

1998 und 1999 gewann er den Fotowettbewerb der Zeitschrift *Nature's Best* in der Kategorie »Wildlife – professional Photographer«, 1997 wurde er beim »BBC Wildlife Photographer of the Year-Wettbewerb« lobend erwähnt.

STAFFAN WIDSTRAND zählt zu den renommiertesten Naturfotografen Schwedens. Er wurde mehrfach bei internationalen Wettbewerben ausgezeichnet und u. a. als »Wildlife Photographer of the Year«, »GDT European Nature Photographer of the Year« und »Emirates Wildlife Photographer of the Year« geehrt.

Ich interessiere mich schon seit Langem für das Verhalten und die Kognition von Tieren und hatte das große Glück, bei diesem Buchvorhaben von den großartigen Mitarbeitern der Verlage UnitPress und Abrams unterstützt zu werden. Mein besonderer Dank gilt Kate Shanahan, die diesen Titel ins Programm nahm und mir in der Anfangsphase mit ihrer enormen Erfahrung und ihrer Begeisterung zur Seite stand. Blanche Craig übernahm dann die Betreuung des Projekts und begleitete meine Arbeit besonnen und stets hilfreich. Jenny Manstead gab mir wertvolle Tipps, das Design und den Inhalt betreffend. Ich danke Alexandre Coco für die wunderschöne Gestaltung, Angela Koo für ihr aufmerksames Lektorat und Jessica Spencer fürs Korrekturlesen. Mein herzlicher Dank gilt außerdem allen Freunden und Kollegen, die mit mir über Ideen und Textpassagen diskutierten und mich während der schwierigeren Arbeitsphasen davor bewahrten, verrückt zu werden. Dieses Buch wäre nie entstanden, wenn es nicht diese weltumspannende Gemeinschaft leidenschaftlicher Biologen gäbe, deren Arbeit es uns ermöglicht, unser Wissen um die Denkprozesse der Tiere in all ihrer herrlichen Vielfalt stetig zu erweitern. Dank ihrer Wissbegier und ihres Einfallsreichtums erfährt unsere Spezies Tag für Tag etwas mehr darüber, wie unsere Mit-Tiere denken, fühlen und leben.

Die Originalausgabe erschien 2024
unter dem Titel *The Animal Mind* bei
Abrams, einem Imprint von ABRAMS

Aus dem Englischen von Anke Albrecht

Fachredaktion: Professor Josef H. Reichholf

1. Auflage 2024

Redaktion und Satz: twinbooks, München

Printed and bound in China

ISBN 978-3-8369-2202-9
www.gerstenberg-verlag.de

UMSCHLAG VORDERSEITE
Peter Delaney, *Heart of Darkness*, Schwarz-Weiß-Foto eines Schwarzmähnenlöwen der Kalahari.

UMSCHLAG RÜCKSEITE
Anup Shah, Bonoboweibchen und Baby, Lola Ya Bonobo Sanctuary, Demokratische Republik Kongo.

SEITE 3
Melissa Groo, *Burrowing Owl with Kaleidoscope Eyes*.

Der Kaninchenkauz hält mit einem Warnruf, der dem Zischen und Rasseln einer Klapperschlange gleicht, Räuber von seiner unterirdischen Brutkammer fern. Das Nachahmen von Signalen gefährlicherer oder ungenießbarer Tiere zum eigenen Schutz nennt man Batessche Mimikry.